人们的物质需求和审美价值取向以及人类的生活态度和生活方式，在科学技术迅猛发展、物质产品极大丰富的今天，正在发生并已经发生了巨大的变化。就艺术设计而言，社会发展不仅对我们的设计观念、创意表达、造物手段与方法等思维和行为方式提出了挑战，同时也成为今天摆在每一位设计师面前亟待思考和解决的课题。在新的形势下，以国际视野重新审视传统，跟上时代发展的步伐，这是建设自主创新型国家的需要，同时也是每一个设计师、设计教育者的责任与使命。

创新是一个民族的灵魂，是一个民族延绵不竭的原动力。从思维科学和设计学的角度来看，人的创造力（在某种意义上讲就是设计能力）是无限的，但这种创造力能否以物化的方式表现出来，最终服务于社会生产、生活，则受限于多种因素。社会经济发展的水平和科学技术的进步，既为我们提供了探索创造性使用新材料、新工艺、新技法的可能，同时也使人们面临着新一轮的挑战，并促使人们不断追求卓越和完美。

任何一种技法，都经历了一个从传承——演进——消亡的生命周期。对于艺术设计而言，所谓新的技法，必然建立在某种条件（包括已经成熟的技法）的基础之上。从广义上讲，这是一个不断完善、传承与超越的过程。技法研究既具有学科综合交叉的知识背景，又具备实践性和研究性强的特征，因此，在艺术设计中，我们不仅要具有掌握成熟的技法成果的能力，而且还要主动探索新的发展趋势，使我们对技法的研究与应用能够与时代前沿相契合，与未来的发展方向相吻合。

在以计算机作为主要辅助设计工具的条件下，对于设计的原创性思考显得尤为重要。这不仅有设计本身性质的原因，也是当今设计的价值趋向所在。目前，以计算机代替手艺，以软件功能代替思考，以图库中的图片进行拼凑、组合、完成设计的现象，充分反映了一部分设计者在面对新形势和新变化情况下不知所措，急功近利的盲目与失态。忽视心脑合一，内容与形式统一的设计原则，不仅是对设计本质的一种曲解，而且也给设计的良性循环与可持续发展造成了不可弥补的负面影响。

技法的创新和实践，始终离不开准确传达信息的基本设计要求，以及与受众积极互动的特质。设计本身肩负着人类创造最佳生活方式、状态和社会价值的使命与责任。如果说设计理念是设计环节中最重要的部分，那么对设计技法的研究也是在其理念支配下的重要因素，因此，脱离设计目标的技法其存在价值都将可能表现出与设计本质相背离的倾向。由于各种原因，传统设计教育存在着重技法、轻理念的现象，而在时代进步的今天又出现了重创意、轻技法的问题，其所带来的种种弊端，已引起设计界和设计教育界的关注和思考。

由合肥工业大学出版社组织编写的这套艺术设计表现技法教材，就是通过教材的创新，特别是对设计技法理念的创新，来促进设计艺术学的健康发展，这种有益的尝试，必然对设计艺术的教育与实践产生积极的作用与影响。

清华大学美术学院副院长 

2006 年 4 月

合肥工业大学出版社

艺术设计表现技法丛书

SERIES OF ART DESIGN REPRESENTATION

容器造型设计表现技法

主　　编：朱　彧

副主编：柯胜海　颜　艳

编写人员：周作好　吴振英

莫　怏　李　闯

图书在版编目(CIP)数据

容器造型设计表现技法/朱彧主编，一合肥:合肥工业大学出版社，2006.8（2015.7重印）

（艺术设计表现技法丛书）

ISBN 978-7-81093-463-3

Ⅰ.容… Ⅱ.朱… Ⅲ.容器—造型设计—技法（美术）Ⅳ.TB472

中国版本图书馆CIP数据核字（2006）第094925号

容器造型设计表现技法

Rongqizaoxinshejibiaoxianjifa

容器造型设计表现技法　　**主编**　朱彧　**责任编辑**　方立松

出　版	合肥工业大学出版社	版　次	2006年8月第1版
地　址	合肥市屯溪路193号	印　次	2015年7月第4次印刷
邮　编	230009	开　本	889×1194　1/16
电　话	0551-62903198	印　张	6　　字　数　177千字
网　址	www.hfutpress.com.cn	发　行	全国新华书店
E-mail	press@hfutpress.com.cn	印　刷	安徽联众印刷有限公司

ISBN 978-7-81093-463-3　　定价：45.00元

目录 CONTENTS

第一章 绪论

藝

包装容器造型设计是集艺术、科学和人文于一体，具有极强交叉性和综合性的边缘学科；是运用创造性的设计思维方法将造型、表面纹理、色彩等艺术语言，同材料、成型工艺、生产制造相结合的产物。除此之外还涉及到心理学、市场营销学、技术美学、人机工程学、现代储运学等方面的知识，容器造型既与之有密不可分的联系，又具有独立的知识体系和系统结构的完整性。本书主要从包装容器造型设计的表现技法，以及影响容器造型设计的各种因素，全面地对容器造型设计中要考虑的因素作系统的介绍。

第一节　容器造型设计的概念

包装容器造型设计是以保护商品、方便使用和传达信息为目的，经过构思将具有包装功能及外观美的容器，以视觉形式加以表现的一种立体设计和艺术创作。它包含功能性、技术性、形式感三方面的要素，是这三方面要素紧密联系并与现代化工业大生产相结合的一种产品设计。这里“造型”的概念不是我们平常所说的单纯的外形设计，它涉及到材料的选择、人机关系、工艺制作等各种因素，是一种更为广泛的设计与创造活动。

第二节　包装容器造型设计的目的、功能及意义

包装容器的造型设计不但解决了包装容器本身的实用功能，还从不同程度增强了包装容器的审美性，达到满足消费者心理需求的目的。所以，包装容器的造型设计不但为人类自身的生活提供了方便、增加了美的情趣，还为社会经济的发展、文化的进步创造了条件。包装容器造型设计所蕴涵的社会性、文化性和功能性体现了其设计的目的、功能和意义。

一、社会性需求

随着经济的发展和社会的进步，人们对包装容器的需求从原有的使用功能向艺术审美性转变。对容器的造型进行设计不但成为单一个体的需求，还成为社会的共同需求，因为巧妙、合理的造型设计，不但可以解决消费者对包装容器的审美性功能的要求，还可以在储运、销售等各个环节中，达到增强销售力、减少不必要的浪费及体现出不可意料的经济性等效用。人们需要造型美观的容器在实用之余，还能成为艺术品来增加生活的情趣；企业需要对容器的外观进行设计，来增加产品的附加值，提高产品的销售量，增强企业的综合竞争力；社会需要对容器的造型进行设计，以避免环境污染，以及人力资源和物质资源等的浪费（图 1–1）。

二、文化性需求

当今世界是一个东西文化相互冲突、相互交融的多元化时代，信息工具的发展使人与人之间的交流更加方便，国与国之间、民族与民族之间文化及生活方式的交流渐趋频繁。在这种多元化文化的背景下，如何在设计中发挥本民族文化的优势，让本民族文化能广为传播、影响弥远，让设计的产品更具有民族特色，是设计师在进行设计时务必要注意的。所以在包装容器造型设计中，还要在解决容器物质功能、保护功能的同时溶入本国的文化精华，设计出符合消费者文化层次、生活习惯、生活方式、认识观念、经济水平、价值观念等多方面需求的包装容器（图 1–2）。

三、功能性需求

在进行包装容器造型设计时，合理地解决包装容器的功能性需求，始终是进行包装容器

图 1-1

图 1-2

造型设计的前提。由于时代的进步和科技的发展，艺术设计所涉及的范围也越来越广，“功能性”一词在艺术设计中的特定内涵也不断延伸。对包装容器的造型设计来说，传统意义上的实用性只是其中的一个方面，广义上讲，包装容器造型所能带给人的有益作用，都可以称之为功能性的效益。如使用时，应便于拿放，符合人机工程学要求的实用性功能；存放时，它占有一定的空间并纳入人的视觉，应具有美感与欣赏性等审美的功能；废弃时，它存在于环境中，

Kanebo
INTERNATIONAL
SENSAI
CELLULAR PERFORMANCE
ADVANCED
RECOVERY
CONCENTRATE

图 1-3

需要具有便于回收且不造成污染的环境功能；此外，容器的造型设计随着社会物质生产而发展且与之相适应，它是一定社会的政治、文化和科学技术发展的反映，因而，它还需要具备社会文化性的功能（图 1-3）。

图 1-4

第三节 包装容器造型设计的现状和发展趋势

从新石器时代陶器烧制开始，容器造型设计就已产生。在近万年的发展历史中，容器造型设计的变迁，是与人们的认识水平、审美观念、材料的扩大和科学技术的发展等密切相关的。发展至今，容器造型设计已形成了如下一些特征，并呈现出以下发展趋势：

一、单纯化设计

现代人生活在复杂纷繁的社会环境中，工作紧张、竞争激烈，回到家中则希望获取宁静。反映在选择日用消费品的造型上，则是“单纯”和“静穆”的审美观。因为这种“单纯”和“静穆”对人的心灵净化和心理平衡是十分重要的。所以“单纯化”设计成为现代容器造型设计的一大趋势。单纯化容器造型设计的美感，主要体现在整形、分量、节奏、韵律上，大多倾向于简朴、大方、安定、稳重、气势的美。这些造型的特点，一反过去的繁琐、堆砌、柔弱、零碎的手工艺狭隘手法。所以现代容器造型设计，既要研究传统造型美的规律，又要灵活地运用和突破传统，创造出具有现代美的产品新包装（图 1-4）。

图 1-5

二、情感化设计

随着社会的进步和时代的变迁，人们的消费观念逐渐从原来的理性消费转向当今的感性消费，情感设计日趋重要，并逐渐成为现代容器造型设计的另一趋势。人的情感活动是人的精神生活的主要方面，产品包装容器的情感化设计，就是遵循人的情感活动规律，把握消费者的情感内容和表现方式，采用符合“人情味”的产品造型，去求取消费者在心理上和情感上的共鸣，产生喜欢和愉悦的感觉，唤起人们对新的生活方式的追求。情感设计要求精心选择恰当的表现手法，细腻地反映消费者复杂的情感心理，在容器的造型、款式及表面装饰等方面收集大量的设计表现语言（这些语言都具有丰富的情感内涵），经过创造性的组合，让消费者在包装容器造型中找到他所能理解的情感语言，从而产生情感上的满足（图 1–5）。

三、时代审美情趣的设计

美感是人类的高级感受，审美情趣是人们追求精神需求的体现，产品的美感设计是造型设计重要的组成部分之一，包装容器的造型设计也不例外。人们的审美能力和审美情趣是与社会历史发展同步的，反映了相应时代的特征，各个时代都有不同的审美意识，这种意识导致各个时代产品的不同造型。当代工业社会带来的生态不平衡和环境污染问题已深深地影响到人们的审美意识，并反映到产品造型的时代特征上，在嘈杂的车间长期工作的人，偏爱安定有序的形态，偏爱大自然单纯清新的色彩。这就要求设计者在审美设计过程中，慎重地处理设计者与消费者在审美观念上的差异问题：设计者过于超前的审美观念，可能会导致惊世骇俗或为人不屑一顾的作品；完全迁就消费者，将导致设计的失去与放弃提升民族审美情操的责任。所以，设计师的责任之一，就是在这两者之间找到一个合适的平衡点，既能反映某一群体的时代审美情趣，又不放弃设计师的社会责任（图 1–6）。

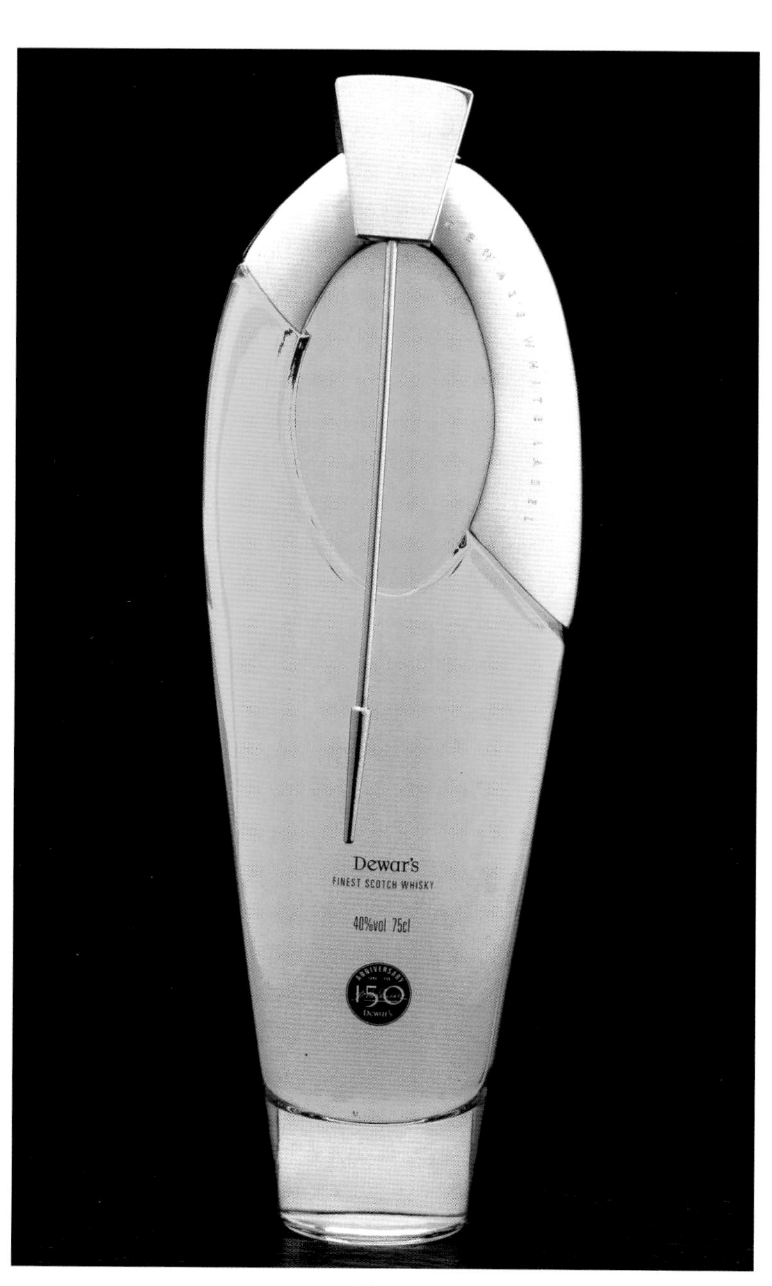

图 1–6

四、文化设计

国际大融合的趋势势不可挡，愈演愈烈。在这样的背景下，“越是民族的，就越是世界的”，人们期待看到具有鲜明地方特色的作

图 1-7

品。所以在容器造型设计时，一方面要考虑挥之不去的民族情感文化，另一方面要考虑国际文化交流的需要。中国特有的深厚的文化底蕴可以为我们的设计提供无穷无尽具有民族特色的设计素材，只要我们能结合国际的设计方式和先进的科学技术，我们的设计就具备了得天独厚的文化基础。比如中国消费崇尚祥和，追求中和美，在产品设计造型时就要考虑消费者追求和谐、平衡、圆满的情感需求，产品的外观上要对称、均衡。（图 1–7）（图 1–8）

图 1–8

第二章 容器造型的分类及形式

第一节 容器造型的构成
第二节 容器造型的分类

包装容器造型的设计不同于纯艺术，除给人们带来精神领域内的种种满足感、美感和协调外（与人类协调、与自然协调、与环境协调以及心与心之间的协调等），其最终归宿是成为商品并为大众所使用。随着物质条件的逐步改善，科学技术的不断进步，以及运输条件的不断改善，商品流通渠道愈益广泛，销售量逐步增大，包装材料与形式逐渐多样化，容器造型的分类也趋向于科学化、细致化。下面就容器造型的分类及形式进行简明的介绍。

第一节　容器造型的构成

容器造型的种类繁多，这里主要选取销售包装容器造型进行简单的介绍。销售包装容器在市场流通和销售过程中，起着非常重要的作用，有时甚至超过商品本身的价值。销售包装容器不仅要有保护商品的作用，更重要的是要有充当“沉默不语”却又极具说服力的“推销员”的作用，以促进销售。因其造型变化形式复杂多样，我们不可能对每种类型都进行深刻细致的研究，因此只有掌握科学的设计方法，运用合理的制作工艺，才能设计出迷人且富于变化的造型，这就需要我们了解影响包装容器造型的几个关键性要素。

一般情况下我们把包装容器的外形分为盖、颈、肩、胸腹、足五个部分。五个部分是相互统一，相互影响的，只要变化其中的任何一部分，容器的造型都会产生不同的感觉。由于每种商品的包装都有其相对固定的特征，所以不要奢望对这五个构成部分全部进行重新设计，否则可能会出现不伦不类的造型。

一、盖

盖是容器造型上的重要组成部分，它直接影响整个容器外形给人的感觉，设计时应该重点注意盖和容器整体外形的协调关系。设计容器盖时需要考虑容器口的大小、颈的长短，还要考虑到内装物的特性、消费使用方式、开启方便、密封要求和安全要求等因素，不能单从造型角度考虑（图 2-1）。

二、颈

容器颈的造型设计是在不改变其他形线的情况下，只改变容器颈的形线走向，从而创造出新的容器造型。容器颈的形线变化及其造型取决于容器整体造型构思的定位，可分为无颈型、短颈型和长颈型。无颈型容器颈口直接连肩线，内装商品一般无挥发性，同时方便从瓶中舀取商品；短颈型容器有一个极短的颈部，形线变化比较简单，也有在短颈部设计有明显的环片凸起，起到用手指夹住，提起时防滑落的功能；长颈型容器则颈线较长，可以有效防止内装产品的挥发，且倾倒时还可以控制液态和粉粒产品的流量（图 2-2）。

三、肩

包装容器的肩线是容器外形中角度变化最大的线形，它对容器造型的变化起着很大的作用。容器肩部是上接容器颈下连容器胸的重要部位，在设计时需要考虑这两者之间的协调过渡关系。通过肩的长短、角度以及曲直的变化，可以产生很多不同的肩部造型，可以使得整个瓶形具有不同的气质（图 2-3）。

四、胸腹

容器的胸腹部位是包装容器的主要部位，对于大部分容器来说，这两个部位的形线常常紧密相连，形线变化直接相关，所以设计造型时可以分开考虑，也可以合并考虑。在设计容器胸腹部位造型时，要特别注意考虑标签部分面积是否合适，以能平整而方便贴牢为标准。容器胸腹造型设计还要考虑人体工程学的因素，应避免过大、过小或过于光滑（图 2-4）。

图 2–1

五、足

容器足在设计中常被忽视，人们往往认为它对容器整体造型影响不大，其实若是结合容器整体认真推敲，我们也能创造出有特色的容器造型。容器足的线形变化不大，但可以采用直线平面、曲线平面、曲线曲面等手法塑造出新的造型。在中国传统陶瓷中，足的设计常常是造型的重点，显示出独特的魅力（图 2–5）。

图 2-2

图 2-3

第二节　容器造型的分类

面对种类繁多、形态各异的容器，要对其进行分门别类是十分困难的。这种困难主要表现在分类标准上。因为从容器的内涵来说，构成的因素是多重的，既有用材的区别，又有用途的不同；既有制作工艺的不同，又有装饰风格的差异；既有具体的品种，又有针对不同特殊场合的独特需要而专门设计的品种。我们按照目前通用的划分标准，从形态和材料、商品的特点等方面进行介绍：

一、按照形态分类

可分为瓶、杯、壶、缸、罐、盘、坛等。这几种容器形态被广泛地应用于各类容器造型设计中，由于被包装商品的形态、类别、物理和化学性能、价格、流通条件与货架寿命等性质都不相同，因此，在进行包装容器的设计之前必须对它们有明确的了解，并依据各个形态的容器自身特有的属性，选择正确的材料，运用恰当的制作工艺，设计出具有科学性、商品性、心理性、美观实用的容器。

二、按照材料分类

容器可分为玻璃容器、塑料容器、陶瓷容器、金属容器、自然材料容器和合成材料容器等六种。

玻璃容器：目前被广泛地应用于酒类、饮料类、调味品类、药剂类、注射剂类、化妆品及文教用品类的包装容器。据有关人士预测，今后市场

图 2-4

图 2-5

图 2-6

上的玻璃包装容器与其他材质的包装容器相比有逐年增加的趋势。未来的发展趋向是：玻璃包装容器每件所消耗的原料用量将不断减小，而玻璃包装容器的数量将不断增加。

玻璃包装容器多呈瓶、罐状，习惯统称为玻璃瓶。玻璃容器、玻璃器皿种类相当多，常用于商品包装的有小口瓶与广口瓶两大类（图 2-6）。

塑料容器：有软质、硬质和半刚性等几种类型。广泛用于化工产品、食品、饮料、化妆品、医药品等包装中。常用的几种塑料包装容器有塑料箱、塑料瓶及桶、薄壁塑料包装容器、塑料软管和塑料薄膜袋等（图 2-7）。

陶瓷容器：陶瓷材料的优点使其在化学与食品工业中作为包装容器普遍使用。如我国一些地方风味的酱菜、调味品，多采用古色古香、乡土气息浓厚的陶器包装。一些高档名酒，采用瓷器包装最近又十分流行起来。常见的陶瓷容器有陶瓷盘、陶瓷瓶、陶瓷罐、陶瓷坛等（图 2-8）。

但是，我们也应该注意到：陶瓷容器也存在着一些不利因素。由于在成型与焙烧时常伴随着不可避免的收缩与变形，尺寸误差较大，因而给自动包装作业带来一定的困难；陶瓷材料不透明，看不到内装

的商品；其生产多为间歇式，生产效率低；陶瓷包装容器一般不再回收复用，因而成本较高。陶瓷材料耐冲击性差，其外包装和运输费用也较高。此外，陶瓷又具有易碎、易损、与其容积相比其重量过大等特征，它们的外包装需用缓冲包装结构，且运输费用很高。

金属容器：主要用于食品与工业品的包装，常见的形式有罐、桶、软管等。喷雾罐多用于生活用品的包装，且多用金属板加工（图 2–9）。

自然材料容器：以各种贝壳、竹、木、柳、草编织品和麻织品等自然材料制成的容器，被广泛用于土特产品和礼品包装，并赋予产品一种亲切感、温馨感。天然植物的叶、皮、纤维等都属于自然材料，可直接使用或经过简单的加工用作包装材料。例如，人们从身边的自然环境中发现了许多包装材料，如：木、藤、草、叶、竹、茎、壳等。这些包装材料普遍用于我们日常生活中，如端午节的粽子，是用清香的箬叶包裹糯米而成，形状为独特的三角形，用绳线捆扎，非常美观。还有荷叶包肉、葫芦装酒、竹筒盛米等。除了这些，还有麻、木、皮革等也常被用作包装材料出现在人们的生活中（图 2–10）。

合成材料容器：是把几种不同的材料，通过特殊的加工工艺，把具有不同特性材料的优点结合在一起，成为一种完美的包装材料。它具有较好的保护性能，又有良好的印刷与封计性能。合成材料容器品种众多，常见的有复合罐、复合盒以及复合软管等

图 2–7

图 2–8

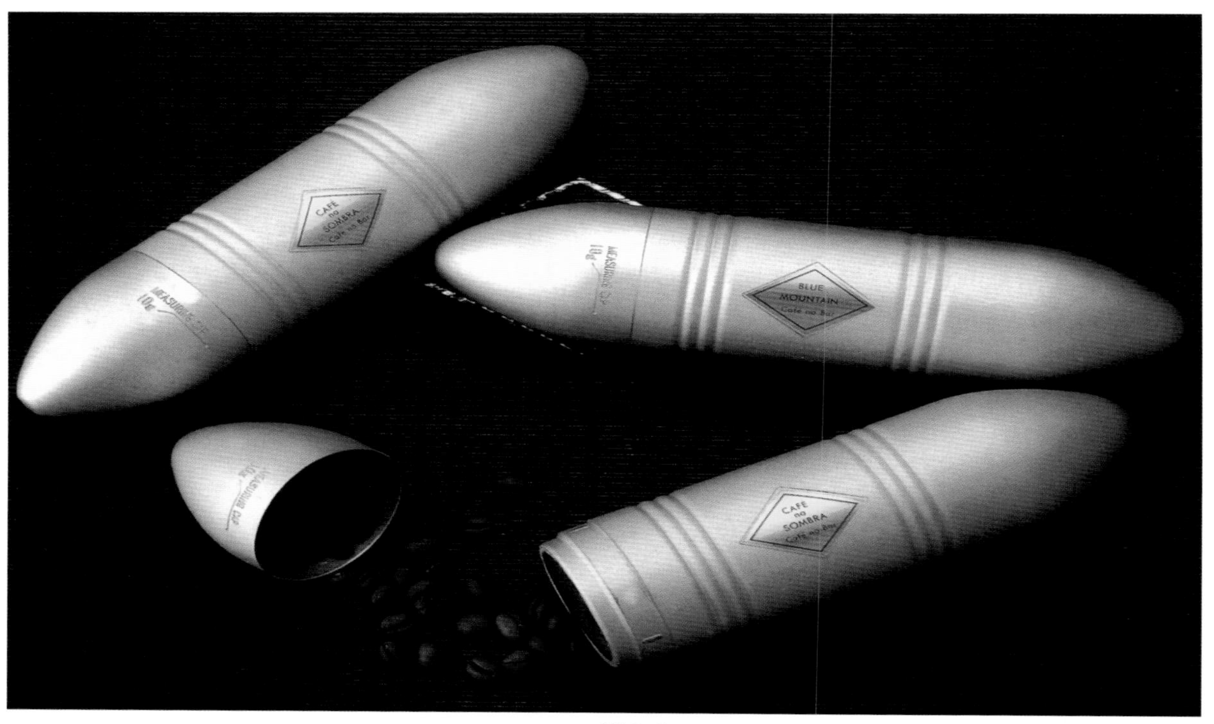

图 2-9

图 2-10

图 2-11

(图 2-11)。

三、按照商品特点分类

食品类容器：食品类容器，首先给消费者带来的是视觉与心理上的第一感受——味觉，容器设计的好坏直接影响到产品的销售市场，它是连接商品与消费者的一座桥梁。“民以食为天”，食品是消费市场的主要商品。成功的食品包装容器可以通过视觉传递激活消费者的味觉，从而达到引起消费者购买欲的目的。在现代食品包装中，品质化与健康化成为设计追随的新理念（图 2-12)。

酒类容器：以盛装酒为主的容器。好的包装容器，能够提升酒的品位，还能够保持及提高酒的质量。酒是饮食文化中的重要成员，因此在设计时要传达一种文化品位。酒容器的设计应体现商品的个性特征和时代风貌。例如新发明的一种天然椰壳酒类包装容器及其制作方法，其特征在于容器体由天然椰壳制成；椰壳容器体的上部设有开口，装酒后开口处密封；其制作方法包括制

图 2-12

图 2-13

作容器体、粘结容器颈、设置容器盖及粘结底座工序；其优点是生产制作简便，节省能源，不易损坏，为广大消费者提供了一种绿色环保型酒类包装，同时为国家绿色自然资源的合理利用提供了一个很好的发展途径（图 2-13）。

化妆品类容器：化妆品类容器作为一种使用物品，犹如雕塑一般具有独特的艺术魅力，雕塑的创作语言在其设计中能够起到很好的借鉴作用。通过用雕塑的语言表达产品的气质和表情、体量感以及良好的“视触觉”等，把雕塑语言合理地运用到化妆品容器造型设计中，以便提高化妆品包装的设计质量。在所有的商品中，唯独化妆品给人的精神需求高于物质需求，因此，化妆品容器造型更应重视与消费者情感上的交流，容器的设计

图 2–14

まぜるな危険
ゴムパッキンも
5分で根こそぎ
カビキラー
ニオイも5分でスッキリ流す
除菌
ゴムパッキンも
5分で根こそぎ
カビキラー
ニオイも5分でスッキリ流す
つけかえ用
除菌

图 2–15

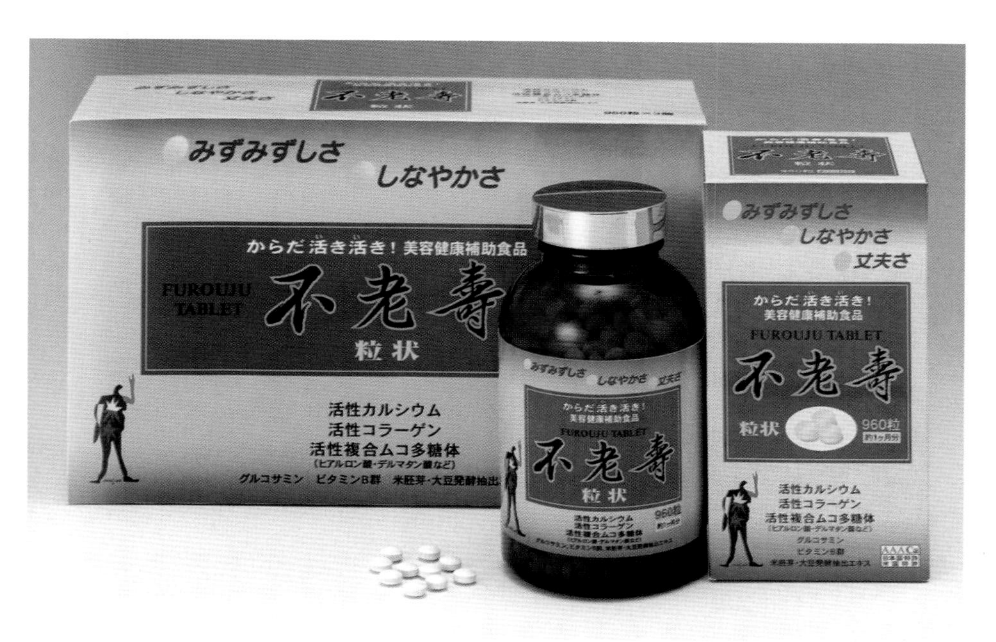
みずみずしさ
しなやかさ
からだ活き活き！美容健康補助食品
FUROUJU TABLET
不老壽
粒状
活性カルシウム
活性コラーゲン
活性複合ムコ多糖体
グルコサミン　ビタミンB群　米胚芽・大豆発酵抽出
不老壽
粒状
みずみずしさ
しなやかさ
丈夫さ
からだ活き活き！
美容健康補助食品
FUROUJU TABLET
不老壽
粒状
960粒
活性カルシウム
活性コラーゲン
活性複合ムコ多糖体

图 2–16

更要体现出美丽、时尚、独特的风格（图2–14）。

清洁剂类容器：清洁剂类种类很多，使用范围涉及日常生活各方面，如汽车业、家电家具业和医疗业等（图2–15）。

药品类容器：医药、保健品与人类的健康和安全息息相关，因此，该类容器的设计必须遵守政府卫生机关的法令、法规（图2–16）。

化学工业类容器：指五金、电子等产品的包装容器。这类产品的包装多以产品的诉求点为设计理念，要体现出高品质和高科技含量的内涵，设计时可采用大胆、明朗、时尚的设计风格，通过包装容器的可视性传达产品的可靠性（图2–17）。

文化用品类容器：指文化用品类的包装容器（图2–18）。

图 2–17

图 2–18

第三章 容器造型常用材料性质及选择技法

容器造型常用材料主要是指硬质容器材料，按照材料的来源可以分为天然材料和加工合成材料两大类；按照材料的性质来分类可以分为木材、纸材、塑料、玻璃、陶瓷、金属、天然材料、合成材料等。因为木材主要功能是用于保护容器件的流通安全，一般不在销售容器的范畴之内，再加上纸材主要用于制作软质或半软质容器，故在此对这两种容器材料不作详细介绍。

第一节　容器材料的性能

容器材料的性能涉及方面很广，这里就与容器质量密切相关的物理、化学、力学性能和工艺性作简单的介绍。

物理性能：是指容器材料在外界条件作用下，只发生形态变化而不改变其本质的性能。主要有密度、吸湿性、阻隔性、导热性、隔热性和耐热性等。

化学性能：主要是指化学的稳定性，即容器材料受外界条件作用，在一定的范围内，不易发生化学变化的性能。容器在流通中，由于与光、汽、酸、碱、盐等物质接触，就会发生一系列的化学反应，所以一般要求容器材料具有良好的化学稳定性，而化学稳定性主要表现在材料的抗老化、抗腐蚀等性质上。

力学性能：主要包括弹性、可塑性、强度、韧性与脆性等。不同的应用方面、不同的被装物、不同的物流方式对容器材料的力学性质要求都不一样。例如：对于缓冲材料来讲，材料的弹性越好，保护被装物的效果就越好；而容器及包装件在堆码时要求抗压强度高，起吊时要求抗拉强度大等。所以在进行容器设计时应当考虑容器材料的力学性质，这对于选择容器用材，实现科学性容器，都有重要意义。

工艺性质：是指容器材料在加工、使用过程中便于成型或组装的一些性能。它包括可塑性、可锻性、可涂覆性等等。

第二节　容器材料的选用原则

合适的容器材料应当能够同时兼顾三个方面：它必须保证被容装的产品在经过流通和销售的各个环节后，最终能质量完好地到达消费者手中；它必须满足容器成本方面的要求，经济可行；它必须兼顾到生产厂家、运输销售部门和消费者的经济利益。

具体的选用原则主要有：容器材料与被包装物在经济上的相互对等性；容器材料与被包装物在性能和特性上的相互协调性；容器材料与流通条件(包括气候条件、运转方式、运输范围、流通周期）的适应性；容器材料可以保证被容装物能有效保存及促进销售。

第三节　容器造型材料

用于容器造型的材料颇多，主要有塑料、玻璃、陶瓷、金属、天然材料和复合材料，下面分别加以简单介绍：

一、塑　料

塑料是制造容器的主要原材料之一，其用途非常广泛，适用于食品、医药品、纺织品、五金交电产品、各种器材、日杂用品等包装所需容器（图 3-1)(图 3-2)。

塑料的分类方法比较多，一般情况下按照其热性能可以分为热塑性塑料和热固性塑料两

图 3–1

图 3–2

大类。

热塑性塑料加热时能熔化甚至因软化而流动，可以塑制成型，冷却后固化保持其形状，这个过程可以反复进行，但是加热温度不能超过该塑料的分解温度。大多数热塑性塑料在150摄氏度时出现热变形，可采用注射、挤出、热成型等方法加工，成型时，没有发生化学变化，原则上废品可回收再利用，并且可生产透明制品。热塑性塑料的主要品种有：聚乙烯、聚丙烯、聚苯乙烯、聚氯乙烯、聚酯等

图 3-3

等。制作包装容器所用塑料多属于热塑性塑料。

热固性塑料加热时可以塑制成一定形状，一旦定型后即成为最终产品，即使再次加热也不会软化或熔化，温度太高时塑料会发生焦化分解，所以不能进行反复塑制。热固性塑料制品受热后不再熔融，一般耐热 150 摄氏度，多采用模压、层压成型，效率较低，成型时发生化学变化，为立体网状结构，废品不能再利用，产品几乎全部是不透明或半透明制品。热固性塑料的主要品种有：酚醛塑料、蜜胺塑料、脲醛塑料等等。

塑料用于容器造型，其优点在于塑料有较强的物理机械性能，具有良好的抗震、耐磨、抗冲击和耐挤压的性能；塑料阻隔性能好，可以隔水、隔尘以及防虫；大部分塑料具有较强的抗化学药品性，对酸碱有良好的抗腐蚀性，可以用来制作药品容器等；塑料的加工适应性好，可以适应多种容器造型的要求；塑料还有电绝缘性，在常温及一定温度范围内绝缘性能优良。

塑料用于容器造型，其缺点是塑料的机械强度、刚性、硬度不如钢铁等金属；耐热性能不如玻璃；导热性能差，个别塑料易燃易熔，适用温度受自身特性限制，尤其在高温下物理性能显著下降；在阳光下暴晒有变色和老化现象，甚至会开裂；部分塑料有毒，而且容易带静电。

塑料容器造型的工艺包括注塑、挤出和压制成型三种工艺：

注塑成型：又叫注射成型，适用于热塑性塑料和部分流动性好的热固性塑料制品的成型，这种成型方法可一次成型出外形复杂且尺寸精确的塑料制品，生产成型周期短，便于实现自动化和半自动化，模具利用率高，成型制品的一致性好，并且不用进一步加工。但是成型时可能会发生气泡、雾浊、透明度差等缺陷，所以必须对成型材料进行预先干燥处理。

挤出成型：能连续生产同一截面的长件制品；较复杂的部件可以整体成型；能够进行自动化大批量生产；容易和同类材料或异类材料复合成型；设备成本低，操作简单，产品质量均匀致密。但是结构复杂的截面形状难以达到高精度的要求，而且模具造价较高。

压制成型：主要用于热固性塑料制品的生

图 3-4

产，生产成本低，工艺简单易控，制品尺寸范围宽，制品变形性小。不足之处是难以实现自动化生产，对于形状复杂、金属嵌件多的制品不易成型，加压方向很难达到高精度要求，对模具要求较高。

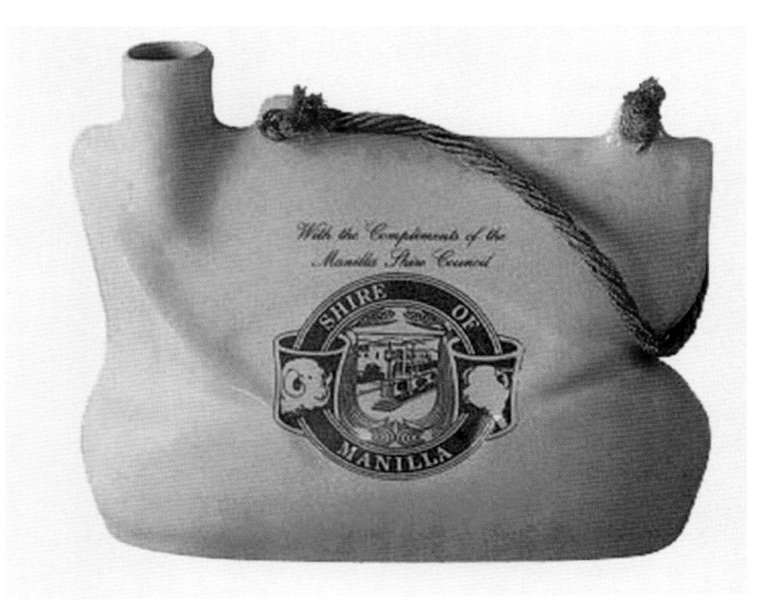

图 3-5

二、玻　璃

玻璃的化学成分基本上是二氧化硅和各种金属氧化物，属于硅酸盐类材料，其制品美观大方，是制作包装容器的重要材料。玻璃的类型非常多，按照用途可分为日用玻璃、技术玻璃、建筑玻璃和玻璃纤维四大类；按照化学成分可分为石英玻璃、铅玻璃、半导体玻璃、硅酸盐玻璃和钠钙玻璃等；

图 3-6

ANNA
SUI

图 3–7

SOUR
can
CHU
-HI
巨峰サワー
ライチサワー
夕張メロンサワー
ジンジャーサワー
TaKaRa
お酒

图 3–8

按照外观可分为有色玻璃和无色玻璃两大类。

我们制作包装容器所使用的玻璃一般属于日用玻璃，日用玻璃的化学成分基本是二氧化硅和各种金属氧化物。二氧化硅在玻璃中形成硅氧四面体的结构网，使其具有一定的机械强度、耐热性和良好的透明性、稳定性等（图3–3）（图3–4）。

用玻璃作为材料制作包装容器，其优点是：坚固耐用，硬度较大且阻隔性能强；导热性能差，但有一定的耐热性；透明性能和折光性能好；具有不渗透性，清洁卫生且价格相对便宜；化学性质稳定，大部分玻璃可以抵抗除氢氟酸以外的任何酸腐蚀。

其缺点是：制品越厚，承受温度急剧变化的能力越差；耐碱腐蚀能力弱，玻璃在潮湿环境下容易在表面形成白斑或雾膜；弹性和韧性差，属于脆性材料。玻璃制品还经常具有裂纹、气泡、薄厚不均、变形、皱纹、颜色不正等缺陷。

玻璃容器的一般生产工艺包括压制、吹塑制两种：

压制成型：主要用于较厚的制品，如盘碟等。制品在有石墨涂层、具有所需要形状及尺寸的铁模中加压成型。

吹制成型：适用于大部分广口瓶和小口瓶制品。先将玻璃粘料压制成雏形型块，再将该型块置于吹置模中，用压缩空气加压使型块被吹大，从而紧靠模的内腔部分形成了要求的形状。

三、陶　瓷

陶瓷是以铅硅酸盐矿物和某些氧化物为原料，加入配料后以一定的技术和工艺，按用途给予造型(表面还可以涂上各种光润釉及装饰)，采用特定的化学工艺，用相当的温度和不同的气体（氧化、碳化、氮化）烧结成的一种或多种晶体，属于无机非金属原料（图3–5）（图

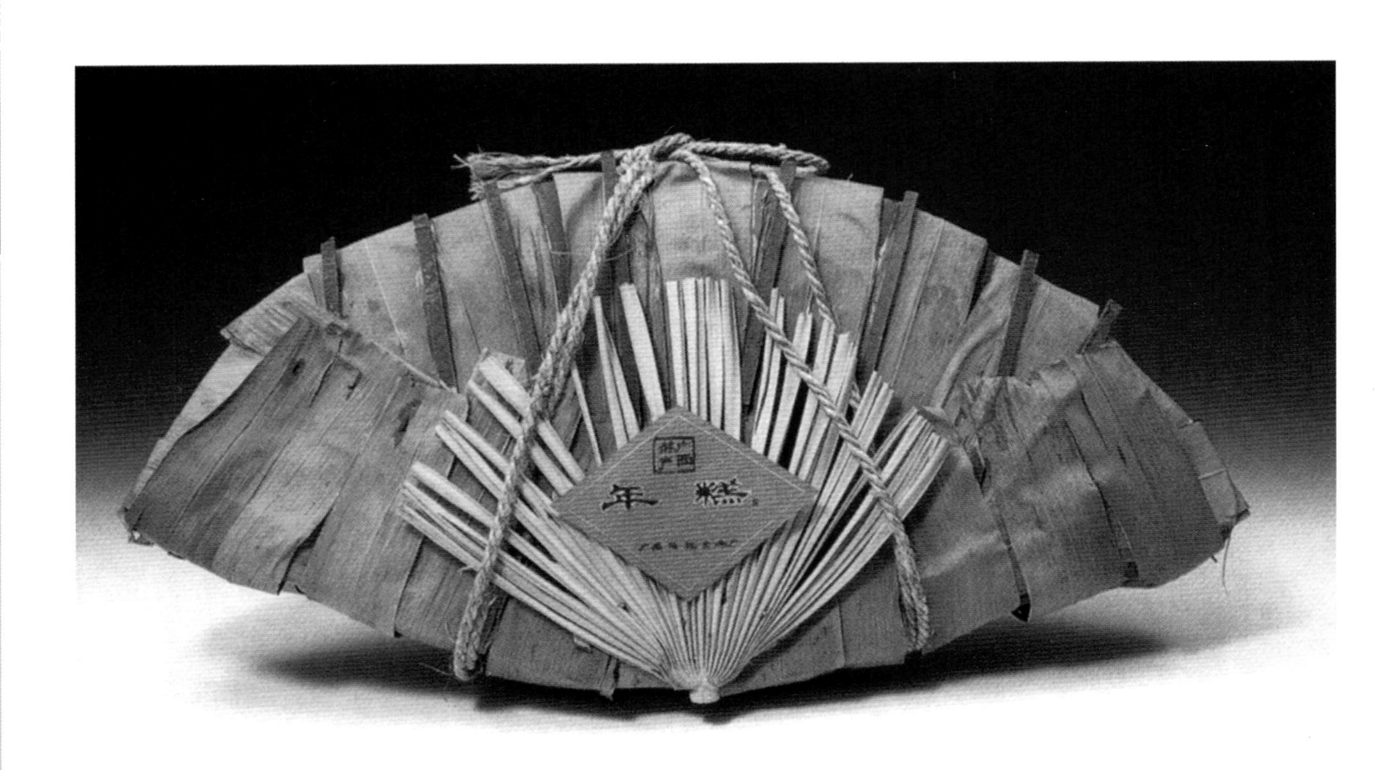

图 3–9

图 3-10

3-6)。

陶瓷容器可分为粗陶、精陶、炻器和瓷器四大类。其具体特征如下：

粗陶：具有多孔、表面粗糙、呈现红褐色或黄褐色以及不透明的特点，具有较大的吸水率和透气性，主要盛装固态物品。比如装粮食的缸。

精陶：较粗陶精细，气孔率和吸水率均小于粗陶，常见的紫砂壶就属于精陶。

炻器：性能介于瓷器和陶器之间的一种陶瓷制品，有粗炻器和细炻器之分，主要用于作缸、坛、罐等。

瓷器：比陶器结构紧密均匀，坯均为白色，表面光滑，吸水率低，较薄的瓷器带有半透明的特性，主要制作瓷瓶、瓷罐等容器，按原料不同还可以分为长石瓷、绢云母质瓷、滑石瓷和骨灰瓷等。

除此之外还可在陶瓷制作原料中加入金属微粒，如镁、镍、铬、钛等，制出兼有金属般韧性和陶瓷耐高温、硬度大、耐腐蚀、耐氧化的金属陶瓷，也可在陶瓷原料中加入发泡剂，形成质轻多孔，具有机械强度高、绝缘性好、耐高温的泡沫陶瓷等。

陶瓷容器的优点是：

化学稳定性和热稳定性比较好，能耐各种化学药品的侵蚀，热稳定性优于玻璃，即使在250~300 摄氏度时也不会开裂，并且可以经受温度剧变；陶瓷的硬度非常高，机械强度好。

其缺点是：断裂韧性差，属于脆性材料；由于陶瓷材料的组织中存在气孔等缺陷，它实际上的强度比理论上要低一些；釉层在使用过程中被弱酸碱等侵蚀后可能溶出对人体有害的成分，如铅等。

陶瓷容器的成型工艺有挤制、车坯、旋坯、注浆和干压等方法。

挤制法成型：又叫挤压成型，主要用于管形和棒形制品。该方法生产效率高、产量大、操作简单。

车坯成型：在车床上进行，主要用于外形复杂的圆柱形制品的成型。

旋坯法成型：是装有泥料的石膏模随陶车机头旋转时，缓慢放下型刀，模内的泥料受型刀的挤压和剪切作用，贴紧在模具上形成所需要形状的坯体。

注浆法成型：在石膏模中进行，石膏模具多孔且吸水性强，能很快吸收贴近模具内表层瓷浆料的水分，将中心浆料倒出后达到成型的目的。

干压法成型：是通过模具对在其中的瓷料粉末施加压力，压制成一定尺寸和形状的方法。该方法生产效率高，易于自动化，制品烧成收缩率小，不易变形。

四、金　属

金属材料是金属和合金的总称。目前在各国容器材料中，金属的使用量仅次于纸和塑料。

金属容器主要指以黑铁皮、白铁皮、马口铁等钢材与钢板，以及铝箔、铝合金等制成的各种金属容器或金属配件（图 3-7）（图 3-8）。

金属用作包装容器，其优点是：

机械强度高，容器壁可制成薄壁，耐压性好，重量轻且不易破损；具有优良的综合防护性能，金属的透气率低，而且完全不透光，能有效避免紫外线的有害影响。金属具有优良的阻气性、防潮性和遮光性，可以有效防止渗漏。由于阻隔性能好，可长时间保持商品的质量和风味不变；金属光泽性好，便于装饰和印刷；来源广，加工性能好，制作工艺成熟，可实现连续化自动生产；可以回收再利用，不污染环境。其缺点是，金属的化学稳定性差，不耐腐蚀；在潮湿的空气中，受到水分子电介质的作用，会形成微电池，可产生放电现象，为了防止这种现象，一般可采用合金或表面电镀处理。

金属容器成型工艺分为手工和机器两种。

手工成型：属于传统的造型工艺，成型的一系列过程都是由手工完成的。操作灵活，适应性强，成本低廉，生产条件简单。但是生产率低，质量也不稳定，主要应用于新成品试制等单件小批量生产。

机器成型：是指在机器外力作用下，使金属坯料产生塑性变形，从而获得具有一定形状、尺寸和机械性能的加工方法。一般可以使用轧制、挤压、拉拔、模板冲压、自由锻和模锻等工艺完成容器成型过程。该成型方式具有生产率高、成品质量有保证、不受工人因素影响、可减少工人劳动强度等优点。但是机器设备费用较高，养护过程繁琐，生产准备时间长，适用于批量生产。

五、其他材料

其他材料主要包括天然材料和复合材料。

天然材料，是指天然的植物叶、皮、纤维等，可直接使用或经简单加工成板、片后，用作包装容器的材料。主要有竹类、藤条类、草类和棕榈等（图 3-9）（图 3-10）。

竹类质地坚韧，弹性好，耐腐蚀和摩擦等。除了竹筒可以作为容器外，竹条还可用来编织各种包装容器，如竹笼、竹盒、竹篮、竹瓶等。

藤条主要包括柳条、桑条、槐条、荆条等。藤条弹力较大，韧性好且柔软，拉力强，耐冲击、摩擦和气候变化等。一般用来制作一次性

ウール・シルク・ドライマーク
にもブリーチできる
エース
デリケートブリーチ
詰替ボトル
800ml
エース
デリケートブリーチ
1000ml

图 3-11

运输包装，还可以编织小型特色包装容器。

草类主要包括水草、蒲草和稻草等。该材料质轻、柔软，还有一定的抗拉强度、弹性和韧性，并且价格便宜，来源广泛。主要制作一次性运输包装，也可以编织小型特色包装容器。

棕榈是一种柔软、有韧性、耐水、经久不烂的纤维材料。可以用来编织篮、箱等，还可以编成精美的礼品包装。

其他天然材料还包括贝壳、椰壳等，用来制作各种特殊形式的销售包装。

复合材料是由两种以上具有不同特性的材料复合而成的。复合材料可以适用于日益增高的包装要求，改进了包装材料的透气性、耐油性、耐腐蚀性等，还发挥了防虫、防尘、防微生物等性能，以及更好的机械强度和加工适用性，并具有良好的适应性等。用来制作包装容器的复合材料，一般采用层压复合、共挤压复合、金属化复合等工艺。目前比较流行的有：通过层压复合工艺，将塑料、纸、化纤、金属箔等材料结合，制成多层薄膜材料。通过共挤压复合，把两种或两种以上的树脂，同时熔融后一并挤出成型进行复合。金属化复合是通过镀金属方式在薄膜基（如聚乙烯、聚丙烯、聚酯、聚四氟乙烯、纸等）正进行金属和高分子材料复合的工艺（图 3–11）（图 3–12）。

图 3–12

第四章 容器造型设计的构成技法

容器造型设计的构成要素包括点、线、面、体和肌理，在进行容器艺术造型设计时，必须做到立体形态与包装功能的有机结合。同时，还要考虑包装容器的造型是否便于生产、堆垛、储运和陈列，也就是说在运用构成元素进行容器造型设计时，必须平衡简单实用和美化装饰之间的关系。

第一节　基本造型要素的运用

任何一个容器的形态无论简单或复杂程度如何，都是由最基本的造型要素点、线、面、体、肌理构成的。点、线、面、体、肌理的构成，可以使容器造型产生节奏、运动、整齐等效果，也可以产生重复、近似、渐变等变化，在视觉效果上给人以不同感受。由于设计者个性和心理状态的不同、文化素养的差异，点、线、面、体、肌理会呈现出千姿百态的变化形式。我们要创造新的容器造型形态和形象，就必须掌握造型的基本要素，研究其构成的形式。在利用点、线、面、体、肌理进行再创、构成之前，需要对其基本性质有明确的认识，只有在理解和熟悉其特性的基础上，才能在实际应用中发现更多的创造可能性。

一、点

几何意义上的点，是只有位置而无大小的概念，而在容器造型设计中，点是以抽象形态的意义来建立其概念的，因而它有大小、形状，有独立的造型美和组合的构成美。点的连续形成虚线，点的垂直水平排列形成虚面效果。在造型设计的各种形式中常用小点连成虚线，以此来平衡或变化造型的构成。可以以点为基本形，运用构成的形式法则组合构成各种不同的造型效果。

点是相对较小的元素，又是最基本和最重要的元素，点最重要的功能就是表明位置和进行聚集，一个点在平面上，与其他元素相比，是最容易吸引人的视线的。一个造型体可以是一个点，这是相对其周围形体与空间的比例而言的。点给人以醒目、集中的感觉，并有引导视线之收敛、突出的作用(如图 4–1)。当面上只有一个点时，它就成为焦点，具有集中视线，

图 4–1

形成视觉中心的效果；面上均势排列两个点时，视线则会在这两个点之间作无休止的来回移动，并形成一条消极的线，若两个点的大小不同，则视线将从大点向小点移动，从而产生强烈的运动感；面上均势地并列三个点时，则视线会在三个点间移动，最后停留在中间点上，形成视觉停歇点，若三个点不在一条线上，则隐隐感觉各点间好像有连线，形成一个三角形；而面上的多点排列将产生线或面的感觉。

点在造型设计时的排列可以分为以下几种：

单调排列：其感知效果为秩序、规整，并能显示出严谨、庄重的气氛，但也显得单调而无生趣。

间隔变异排列：在感知效果上可以稍减其沉静单调之感，并仍保持秩序与规整。

大小变异排列：视觉造型不仅保持了一定的秩序感，而且更显活泼可爱。

紧散调节排列：视觉造型新颖有趣，并能按功能要求作出归纳布局，既美观、活泼，又突出重点，富有规律。

图案排列：有意识地将点排列成图案纹样或象征性图形，造型更显得别致有趣，给人以独具匠心的美感。

二、线

线是点移动的轨迹，概念中的线是指形的边缘，宽度和长度之比悬殊的形状也可称为线。线是造型的最基本的形式要素，合理的使用线条是把握容器造型的关键。线一般分为直线和曲线，曲线又可分为几何曲线和自由曲线。不同的线可以给予不同的心理感受，水平线具有安详、稳定、永久感；垂直线含有硬直、挺拔、单纯感；曲线则令人感觉运动、温和、柔软、

图 4-2

优雅等。封闭的线形成形，因为面的轮廓是由线来决定的，线有分割和限制作用，有引导视线和指示作用。线的间隔距离不同，会产生不同的效果，有秩序的变化线的间隔，可表现强烈的进深感和立体感；大量密集的线，将会形成面的感觉；逐渐变化角度的倾斜直线，有扭曲的曲面感（如图4-2）。在造型设计中线分为造型线和装饰线。

所谓造型线，是正视图、俯视图、侧视图和仰视图所见的线，是影响容器形状的线。造型线是构成外形轮廓的基本元素，它决定了容器造型的基本形态。在设计时要确定容器造型以直线为主，还是以曲线为主，亦或曲直结合。直线所构成的形面和棱角往往给人以庄严简洁之感，曲线所构成的形面给人以柔软活泼和运动之感。造型线的复杂多变，决定了容器造型的多姿多彩和千变万化。在酒包装容器造型中，胸腹部一般采用直线，颈肩部采用曲线。通过长短与角度及曲直线型的变化，可以产生很多造型，而且性格各异。

所谓装饰线，是指依附于造型线，带有装饰性质，但不影响整体形状的线。装饰线既能丰富形态结构，又能制造出不同的质感和肌理效果。我们设计时要注意装饰线的方向、长短、疏密、曲直等对比效果的运用。在一些高档酒类和化妆品的瓶体设计中，为了追求赏心悦目的视觉效果和增加商品的附加值，往往采用装饰线。在一些饮料容器造型中，设计者有意在手握的部位装饰一些线，这些装饰线既是局部细节，又是整体形象，能起到装饰美化的效果，而且手握产品不易滑落，符合人机工学要求。

三、面

线移动的轨迹形成了面，但是面给人的心理感受取决于边缘线的形状。面是构成立体造型的主要要素，不同形状的面可以给人不同的感觉。几何形能表现出秩序、简洁的感觉，视觉冲击力强，醒目易认，但是有时会产生呆板、单调感；自由形给人活泼、自由的感觉，具有亲和力，但运用时应注意不要过于细碎（如图4-3）。在造型设计时，严谨的几何形和活泼的自由形应该合理结合起来，互为补充，求得变化和统一。

面给人一种向周围扩散的力感，或称张力感，这也是由于它所具有的薄与幅面的特征所决定的，如厚度过大，就会使其丧失自身的特征而失去张力，显得笨重。用面可以限定造型的形式，面限造型可以构成各种各样的空间形态，用它可以创造出表达各种意境、形式、功能的造型空间。面的量感和体积感常在造型中起到稳定作用；面可有多种方法来表现二维空间中的立体形态，使之产生三维空间感；面的深浅在造型中能起到丰富层次的作用。

用面做立体造型要着重研究、处理好以下几个方面的问题：面体与面体的大小比例关系、放置方向、相互位置、距离的疏密。要根据预定的造型目的，调整好面之间的关系，以达到最佳的预期效果。包装容器造型中，较少使用曲面，多用平面造型。各种平面根据其放置方式的不同，又可以分为水平面、垂直面和倾斜面。水平面给人以平静、稳定的感觉，有引导视线向远近、左右延伸的视觉效果；垂直面给人以庄重、严肃、高耸、挺拔、雄伟、坚强的感觉；倾斜面具有灵活的动感。

四、体

体可由面包围而成，也可以由面运动形成，面的转折、运动都可以产生体。体脱离不了线和面，在相当程度上体的构成依赖于线和面（如图4-4）。体的感知效果除与轮廓线有关外，还与体量有关。厚的体给人以敦厚、结实之感；薄的体有轻盈、秀丽之感。另外，色彩、阴影、材质等均会极大地影响体的感知效果。

体起占据空间的作用，面的移动、堆积、

Nikon
EF300
EF300
· AUTOMATIC, FOCUS FREE COMPACT CAMERA
· BUILT-IN FLASH WITH FLASH CANCEL AND RED-EYE REDUCTION
· CASE, STRAP, FILM & BATTERIES INCLUDED
Nikon

图 4-3

旋转构成体。体有直线系、曲线系和中间系三类。具有代表性的有：正方体、球体、圆锥体、圆柱体、长方体、方锥体等六大基本形体。各形态之间相互联系，任何一个基本形态经过变化都可以演变成另一个基本形态。

使用体进行造型的方法一般有体的穿透、群体的组合以及体的转动。尤其注意在使用体的穿透时，在体上所穿透的部分不宜太大和太多，否则会对容器的储运和使用带来不便。容器立体造型是用具备三次元（长、宽、高）条件的实体来限定空间的形式。要注意的是块体没有线体和面体那样的轻巧、锐利和张力感，它给我们的感觉是充实、稳重、结实有份量，并能在一定程度上抵抗外界施加的力量，如冲击力、压力、拉力等。因为体的形态是无限多的，所以用它来限定和创造造型空间，几乎是无所不能的。

五、肌理

由于材料的配列、组织和构造不同而使人得到的触觉质感或视觉质感称为肌理。同一种材料可以制作出不同的肌理，肌理给容器创造出了材料美和工艺美。肌理是表达人对设计物表面纹理特征的感受。粗糙肌理象征着粗壮、原始化、厚重感，光洁的肌理代表严谨、精密、冰冷的感觉；规则的细密的纹线代表着机械加工的痕迹，不规则的纹线散发着自然的气息与温和的感觉。肌理的用途主要是可以增强立体感、丰富立体形态的表情和传达信息（如图 4–5）。面对各种材料，用各种手段、处理方法、加工技术，经过艰苦的构思，可以创作出变

图 4–4

图 4–5

化万千的肌理，而同一种材料也可创造出不同的肌理。

肌理一般分为触觉式肌理和视觉式肌理。触觉式肌理不仅能产生视觉触感，还能通过触觉真实感受到，如物体表面的凹凸不平、质地的粗细等，该肌理可以通过雕刻、皱折、敲打、切割等方式实现。视觉式肌理只能通过视觉才能感受到。

适度的肌理可以强化容器的个性表达，肌理不仅可以使包装外形更美观，而且触觉式肌理还可以增加摩擦系数，防止因为手滑而造成的容器跌落破损。肌理可以使造型从材料及加工工艺中获得细致的美感，达到图案

图 4–6

所不能达到的效果。

第二节　形式美法则的运用

美学家丹纳说“艺术应变力求的是个部分之间的关系和相互依赖”，“不仅要注意外在表现，而且要注意内在逻辑，也就是结构、组织和配合”。容器造型设计的各部分要向一个目标靠拢，清晰地表达一个含义，造型的各部分排除折中，应立意明确，表达清晰，不能模棱两可，似是而非。设计的各部分及其相互关系要有足够的表现力，造型设计的核心是使设计成为一个具有一种基本表现趋势的和谐的整体。任何设计作品都离不开形式美，失去形式美就失去了感染人的魅力。美的本质实际上是由造型形态的内在力决定的，即形式美法则。这也就要求在容器造型设计时要注意形式美法则的运用，在进行容器造型设计时要注意处理对称和平衡、变化和统一、对比和调和、节奏和韵律、重复和呼应之间的关系。

一、对称和平衡

对称是最常见的一种造型形式，它主要以中轴线划分，型体左右两边造型一致，从而达到力的绝对相等。该造型方式能够产生庄重、严肃、完整和大方的感觉，但有时略显呆板。最常见的对称形式有左右对称（上下对称）和放射对称。左右对称又称线对称，即以中心线为对称轴，线的两边形象完全一样。放射对称的形式为有一个中心点，所有的开支都从点的中央向一定的发射角排列造型，它有较强的向心力。对称的造型具有安静、庄严的美，在视觉上很容易判断和认识，记忆率也高。对称的形态在视觉上有自然、安定、均匀、协调、整齐、典雅、庄重、完美的朴素美感，符合人们的视觉习惯。在造型设计中运用对称法则要避免由于过分的绝对对称而产生单调、呆板的感觉。

对称构成的基本形式有四种，即反射、移动、回转、扩大。反射是以对称轴为中心，相同形象在左右或上下位置的对应排列；移动是在总体保持平衡的条件下，形象按一定的规则平行移动所完成的一种排列形式，移动的位置要适度，不要破坏其对称平衡关系；回转是在反射、移动的基础上，以一点为中心，将形象按一定角度旋转，构成水平、垂直、倾斜和放射状等表现形式，以此增强形象的变化；扩大是指形象按一定比例向外扩大所构成的形象，形成大小对比的变化，却又不失平衡的效果。

平衡是型体不对称的造型，要求达到视觉平衡，是以支点为重点，保持异形双方力的平衡的一种形式。该造型方式能够产生生动、活泼、灵巧和静中寓动的感觉（如图 4–6）。平衡与对称不同，它不是从物理的条件出发，而是在视觉上达到一种力的平衡状态，虽然型体的组合并不是对称的，但却能给人以均衡，稳定的心理感受。或者说，此处的平衡是指型体各部分的体积给人在心理上感到的相互间达到稳定的份量关系。打破对称的平衡方法如下：移动形象的位置，随着形象的位置调整，形成疏密因而比重也依此而变化；调整形象的大小，变化其外形，以此来调整形象在空间中的比重；利用形象与空间的关系，形象的方向变动，由此产生空间的强弱和运动感；形象与形象之间的明暗关系带来的层次感，使画面形成进深，增添活力。

二、变化和统一

变化与统一的形式法则是一切事物存在的规律，它来源于自然，也是容器造型构成法则中最基本的原则。变化即多样性、差异性；统一即同一性，一致性。造型的变化是追求各部

图 4-7

图 4–8

图 4-9

分的区别和不同，造型的统一是追求各部分的联系和一致。变化是指造型不同的构成因素：大小、方圆、长短、粗细、明暗、动静、疏密等；统一是指这些因素之间的合理秩序和恰当关系。统一是变化的基础，变化则相对于统一而存在。只有统一而无变化，造型会显得单调、呆板、缺乏生气；变化过多而无统一，造型易杂乱无章，缺少和谐美（如图 4-7）。

容器造型设计首先必须具备统一性。当统一性贯穿造型之中时，人会产生视觉上的畅快感觉，并且统一性越单纯就越能带来美感。当造型只有统一而没有变化时，则不能产生吸引人的趣味性，也就不能体现容器的造型美。在容器造型设计时，当对不同形体、不同线型、不同色彩等进行配置时，必须以一个为主，其余为辅。为主者体现统一性，为辅者体现配合性，体现出统一中的变化效果。统一与变化在艺术造型中应用最多，也是最基本的形式规律。完美的造型必须具有统一性，统一可以增强造型的条理及和谐的美感。但只有统一而无变化，又会造成单调、呆板、无情趣的效果，因此须在统一中加以变化，以求得生动的美感，或者说：统一就是要统一那些过分变化的混乱；变化就是要变化那些过分统一的呆板。

三、对比和调和

使人感受到鲜明强烈的感触而仍具有统一感的现象称为对比，它能使主题更加鲜明，视觉效果更加活跃。对比关系主要通过造型的明暗，形状的大小、粗细、长短、曲直、高矮、凹凸、宽窄、厚薄，方向的垂直、水平、倾斜，数量的多少，排列的疏密，位置的上下、左右、高低、远近，形态的虚实、黑白、轻重、动静、隐现、软硬、干湿等多方面的对立因素来达到的。对比法则广泛应用在现代容器造型设计当中，具有很大的实用效果。对比，是强调表现各种不同要素之间彼此不同性质的对照，是充分表现要素间相异性的一种方法。它的主要作用在于使造型产生生动、活泼的效果。对比分为同时对比和连续对比。同时对比，是指在同一时间、同一空间所产生的形与形、形与空间之间的对比关系。连续对比，不同于同时对比，它的对比关系不是存在于同一空间、同一时间，而是一种在不同空间，时间上有先后，利用视网膜上的残像进行对比的对比方式。

调和是与对比相对立的，对比的形式如运用不当，将会产生多中心和杂乱无章的效果，所以在运用对比的同时，必须时刻注意到调和，使造型的诸要素配合得恰当、和谐。要达到既对比又调和的整体完美效果，可从这几个方面入手：注意诸要素的秩序性、各要素之间恰当的比例、要素间的类似程度等。

为了使容器达到某种艺术效果，造型上势必追求变化，从而产生对比，但是当对比过于强烈而导致造型凌乱时，我们应该进行适当的调和（如图 4-8）。有对比才能凸显不同事物的个别形象，有调和才具有某种相同特征的类别。只有真正把握对比和调和时，容器造型才能体现完美统一。

四、节奏和韵律

节奏本是指音乐中音响节拍轻重缓急的变化和重复，这个具有时间感的用语在造型设计上是指以同一造型要素连续重复时所产生的运动感。节奏是运用某种造型要素的有变化的重复、有规律的变化，从而形成一种有条理、有秩序、有重复和变化的连续性形式美。在造型艺术中强调节奏感会使构成的形式富于机械的美和强力的美。如果在造型中大量地、一味地运用节奏形式，没有变化，不加入其他的组合方式，定会产生单调感，使人感到乏味。所以往往需要再加入韵律的因素，才会更完美。

韵律原指音乐的声韵和节奏。韵律是在节奏的基础上，赋予节奏情趣性的作用，使节奏产生强弱起伏、轻重缓急的情调。造型设计中单纯的单元组合重复易于单调，有韵律的造型

图 4-10

设计具有积极的生气，有加强魅力的能量（如图 4-9）。韵律，是使形式富于有律动感的变化美。可以说节奏是韵律形式的单纯化；韵律是节奏形式的丰富化。韵律的形式按其造型表达的情感有静态的韵律、激动的韵律、含蓄的韵律、雄壮的韵律、单纯的韵律、复杂的韵律等。

容器造型设计时，可通过线、体、肌理、色彩来创造节奏和韵律，从而赋予容器造型某种连贯的韵味。

五、重复和呼应

重复就是具有同样性质的要素反复的使用，在造型设计中重复以距离为本质。重复的特征就是形象的连续性，任何事物的发展都有一种秩序性，反映在人们的视觉中，就是一种秩序美。通过把这种要素的秩序美加以集中和夸张，其造型美的效能便更加突出（如图 4-10）。造型基本要素是构成重复骨骼的基本单位，造型构成时其上、下、左、右要相互连接，所以往往会打破原有的基本要素，而形成若干新的形象。合理的重复可以组合出富有变化的造型构成，形成特有的空间美感。

呼应是指某种形式因素在造型构成关系中的不同位置出现时所产生的联系、衬托，其大小、形状、强弱不一，但出现在同一物体上则会产生协调感和统一感。呼应是造型物在某个方位上（上下、左右、前后）形、色、质的相互联系和位置的相互照应，以产生相互关联、和谐统一的视觉效果。在容器造型设计时要注意合理运用重复和呼应的关系，达到容器造型的和谐统一。

第五章 容器造型设计技法及要求

艺

容器造型设计是一项综合性工作，在设计中考虑到容器的审美要求的同时，要有一定的技法将容器的造型表现出来，下面就从容器造型设计形式美的要求、造型表现的方法及要考虑的一些附加因素等方面对容器的造型设计技法进行简单的讲述。

第一节　容器造型设计形式美的要求

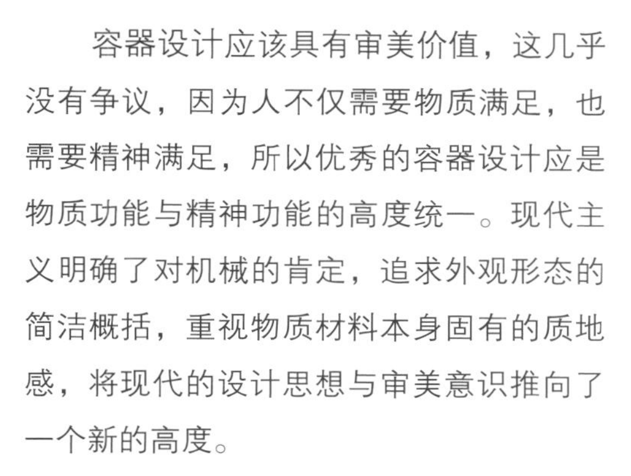

容器设计应该具有审美价值，这几乎没有争议，因为人不仅需要物质满足，也需要精神满足，所以优秀的容器设计应是物质功能与精神功能的高度统一。现代主义明确了对机械的肯定，追求外观形态的简洁概括，重视物质材料本身固有的质地感，将现代的设计思想与审美意识推向了一个新的高度。

一、追求简洁抽象的形态构成

容器造型的审美性体现在形态本身所具有的抽象表现力及形态构成要素之间的和谐关系上，在一个没有饰纹的包装容器造型中，其外形结构的统一变化也能体现简洁抽象的新型审美特征，容器的形态构成变化本身就是一种装饰风格。需要强调的是，简洁抽象的形态构成并不单纯指由直线与平面构成的理性形态，也包含具有丰富感性表现与曲面变化的触感形态，触感形态既表达了简洁抽象的美学特征，又以富于变化、韵律流畅的感性语言塑造了容器的亲切宜人的高情感形象。另外，人们在生活实际使用中，还发现简洁抽象的现代容器造型比装饰堆砌的传统器物更便于清洁，使用的便利性更加坚定了人们对新的美学精神及设计文化的追求与信心(图 5–1)。

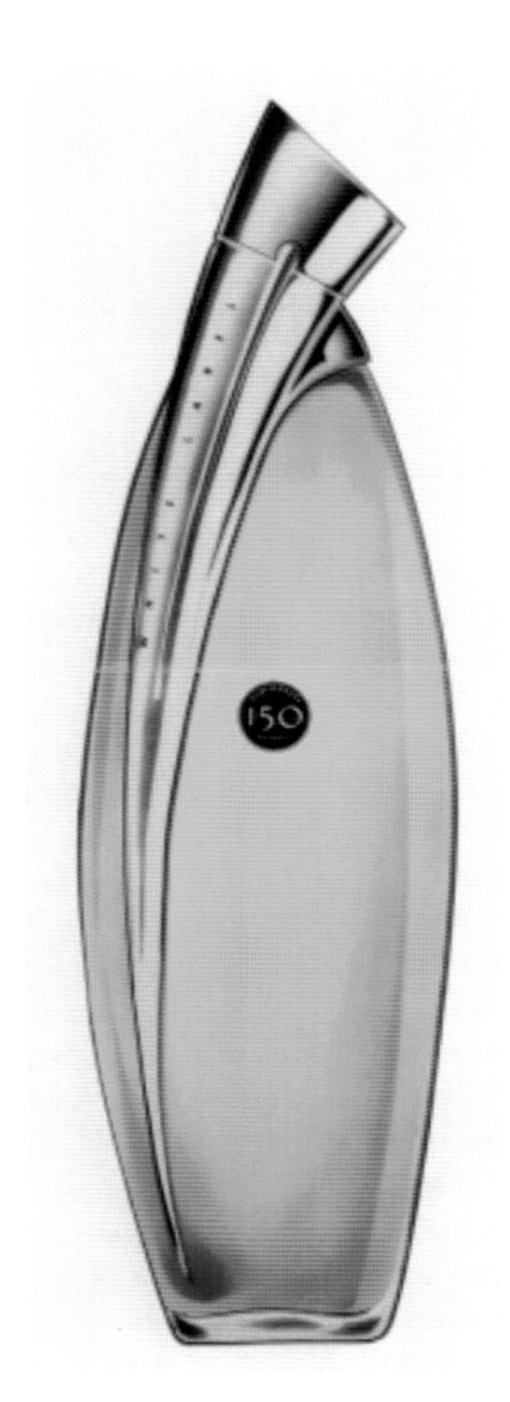

图 5–1

二、尊重材料自身的质感表现

从概念构思到加工成型，容器设计依

AWAKE
EXBRIGHT
lotion moisture
WHITE
180 mL / 6.0 fl. oz.
AWAKE
EXBRIGHT
lotion refresher
WHITE
180 mL / 6.0 fl. oz.

图 5-2

图 5-3

赖于各种自然或人工材料得以物化，材料是容器造型的物质基础，容器造型的艺术感染力，通过光、色、形等材料的自然属性传达给我们的感官系统。现代的容器造型更多地追求表现材料自身的质感美、肌理美，例如木材纹理的朴实自然、玻璃的玲珑透明与丰富的光影变化、不锈钢的光彩夺目。对于同一种材料也可以通过不同的加工工艺或化学处理等技术表现出多种质感，例如容器的金属瓶盖经过抛光打磨得到光滑如镜的质感效果，给人以精密、理性、紧张的审美感受，而经过化学处理得到的磨砂表面则表达出一种含蓄朦胧的美学特征（图5-2）。

三、主张形式造型的合目的性

传统的审美观念将功能与装饰看作是相脱离的、不相干的两个部分，使得容器造型的装饰成为不实用、不恰当和代价昂贵的东西。现代主义讲究形式服从功能，追求简洁抽象的形态，但是容器造型的现代审美观也并不否定装饰的存在，只是在表现容器造型的装饰性时，往往将审美装饰与功能发挥有机地结合起来，在满足使用功能的基础上，用艺术的感性形式把容器造型的功能充分恰当的表现出来，从而使容器造型具有令人赏心悦目的美的价值。例如矿泉水塑料瓶身的波浪线形，一方面表现了流畅的韵律美感，另一方面起到加固塑料瓶身牢度、增加手握持摩擦力的功能性作用。由此可见，优秀的容器造型必然是体现器物形态构成的合目的性合规律性的特征，而不能将装饰审美因素

游离于功能因素之外，为装饰而装饰，孤立地进行形式主义和唯美主义的设计。只有将审美装饰与功能结构等因素结合起来设计，使形式要素体现出容器造型本身的内在要素和价值，体现出与使用者物质、心理需求相吻合的某种一致性的前提下，才有其真正的审美价值（图 5-3）。

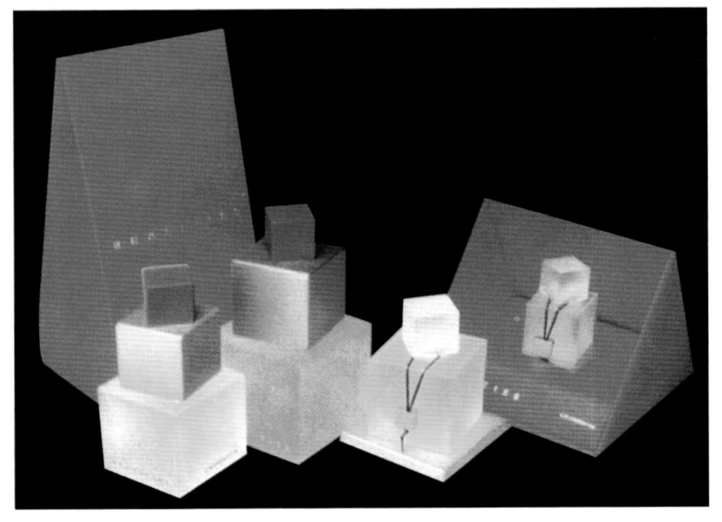

图 5-4

第二节　容器造型设计的方法

容器造型设计尽管应遵循造型的基本原则及其规律，但是，无论是在造型创意，还是表现形式方面，在其

图 5-5

源泉和技法上，都有一定的技巧性。恰当地运用这些技巧，有利于设计出别具特色的容器。

一、体块的组合变化

是通过两个或多个相同或不同的形体组合为一个新的整体造型，是一种加法处理形式。组合的关键在于追求组合后产生的整体美感。通过对外形轮廓线、组合方向、各部分的大小比例关系，相邻表面间的转折过渡、以及不宜多的组合数量的变化处理，使人感到结构更为紧凑、整体感更强（图 5–4）。

二、体块的分割变化

分割是一种减法处理形式，同样需要注意分割形体与整体造型之间的关系，这种关系主要体现在分割的线型和分割的量两个方面。对基本形体加以局部的分解切割，可以得到更多体面的变化，做的虽然是“减法”，实际上却得到了“加法”的效果（图 5–5）。

三、体面的起伏变化

因为容器造型是三维的造型，就不应该仅仅限于平面视觉角度的曲线起伏变化，空间的变化可以产生更丰富的审美感受。不过在设计时应该考虑到不影响容器的功能性以及商品特性之间的和谐关系（图 5–6）。

图 5–6

四、形体的透空变化

透空变化手法是指分割中的一种特殊的“减法”处理，在造型中以“洞”和“孔”的形式出现。这种透空不但可以获得造型上的个性，求得独特的审美情感，有些还具有实用功能，比如提手、把柄等（图 5–7）。

五、体面的饰线变化

是对形体表层施加的线条装饰变化，会产生良好的触感和视觉效果。一般可以通过线条的粗细、曲直、凹凸以及数量、疏密、方向、部位的变化，产生庄重或活泼、饱满或挺拔、柔和或流畅的节奏感与韵律感。需要注意的是要保护整体格调的和谐，不宜硬加强施，画蛇添足（图 5–8）。

六、表面的肌理变化

肌理变化在视觉艺术功能和触觉使用功能方面都是极易产生亲和力的手段，是在视触觉中融入某些想象的心理感受。在造型设计时，运用不同的表层肌理可以使单纯的形体产生丰富的表情，增加视觉效果的层次感，使主题得到升华。比如说玻璃容器使用磨砂或喷砂的肌理效果，在品牌形象的部分却保持玻璃原来的光洁透明，这样不需要色彩表现，仅运用肌理的变化就可以达到突出品牌的效果，并使容器本身具有明确的性格特征（图 5–9）。

七、局部特异变化

特异的手法是指在相对统一的造型变化中安排局部的造型，材料、色泽的变异。从而使这个特异部分成为视觉的中心点或是创意的重点表现之处，就像“画龙点睛”之笔，从而使整个结构富于变化，具有层次感和节奏美。这种变化幅度较大，加工工艺较复杂，成本较高，适用于较高档的容器设计。宜在盖、肩、身、底边、角等部位进行处理（图 5–10）。

八、造型的仿生变化

在自然界中，充满了优美的曲线和造型，这些都可以作为造型设计的参考。使容器造型更具有形象感、生动性和吸引力。比如，水滴形、树叶形、葫芦形、月牙形等常被运用到造型设计当中，可口可乐玻

图 5–7

图 5-8

图 5-9

璃瓶的造型据说也是参考了少女躯干优美的线条来设计的，长久以来被人们津津乐道（图 5-11）。

第三节 容器造型设计与其他元素的联系

容器造型设计的最终效果不只是以单一的造型呈现给消费者，还涉及到色彩、标签、外包装等各方面因素。与这些方面结合的好坏都将影响到包装容器的最终效果。

一、容器造型设计和色彩的结合

容器的色彩不仅包括容器的自身色彩，还受环境光源的影响，所以我们将容器的色彩分为：自身色彩和光源色彩两种。这两种色彩的效果都将影响到容器造型的最终效果。

1. 自身色彩

容器都是由一定的材料加工而成，其材料经加工以后都有其自身的色彩，这种色彩直接影响到容器造型设计的审美性，给人以不同的心理感受。这种自身色彩通常在表面粗糙的材料上不仅表现比较真实，而且成为决定容器最终色彩的主要因素。所以在进行容器造型设计时，要特别注意自身色彩的运用，设计师可以选择自身色彩比较美观的材料进行设计，也可以运用不同材料的不同色彩在容器上的运用，达到一种装饰效果（图 5-12）。

2. 光源色彩

因为色彩和光源是永远分不开的有机体，同一色彩在不同的环境光源中呈现的最终效果不一样，所以在进行容器造型设计或在容器产品的销售时，要特别注意环境光源的运用。特别是表面比较光滑的材料，对光的折

图 5-10

图 5-11

射率比较大，光经过材料表面的时候，被折射到人的眼睛，对容器的造型效果产生影响。

当然，在进行容器的造型设计时，如果合理并巧妙地结合环境光源，会给容器的最终造型带来奇妙的效果。特别是对玻璃这种特殊的材料，因其材料的特殊性质——透明性，所以完全受到光的支配，在一个红的小灯的照射下，容器的整体看上去也就成了红色。这就是典型的光源色。所以我们要根据产品的特性合理的将容器造型设计和光源色彩结合应用，将会给我们的设计带来多种意想不到的效果（图 5-13）。

二、容器造型设计与外包装的结合

容器作为一种特殊的包装，既能包装产品，又要受外包装的保护。所以在进行容器包装设计时不

图 5-12

图 5-13

能不考虑容器的造型设计，是否和外包装匹配。一个单一美观的容器，如果和外包装不相匹配，既达不到保护的作用，又将影响到产品最终的审美性。所以评价一件容器造型是否成功时，在于容器造型设计是否能与外包装结合起来，形成一个整体，以突显厂家的规范性为标准。正因为如此，在容器设计过程中，应尽量考虑外包装的色彩、版式、字体等视觉要素以及消费者在拆包装获取产品时的方便性、安全性，以及防伪等多方面原因，最终达到内外统一的目的（图 5-14）。

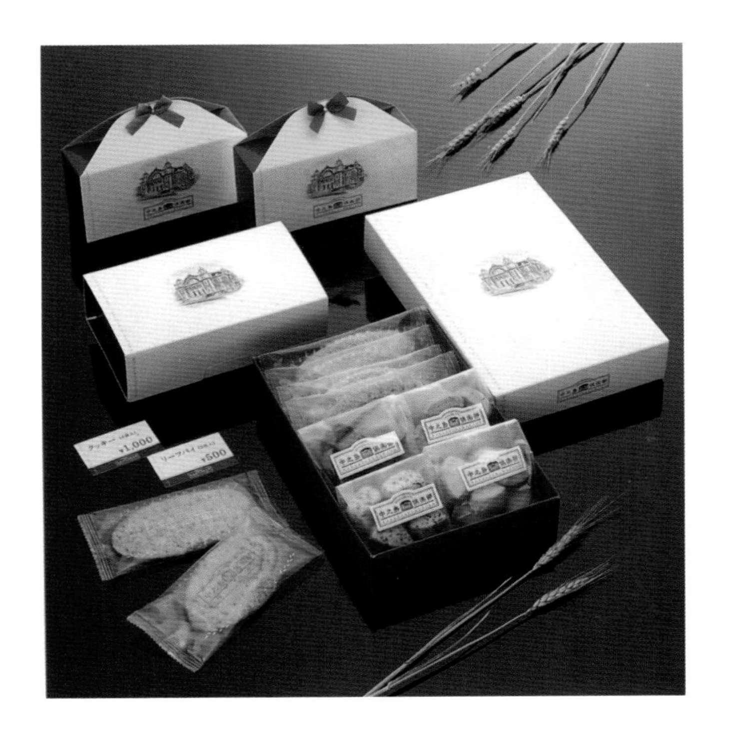

图 5-14

三、容器造型设计与容器标签的结合

容器的造型直接影响到标签的大小及形状，如在一个球面上贴一个正方形的标签，就是一个不合理的处理方案。所以我们在对造型进行设计时，要考虑到标签的大小、形状、及粘贴位置(图 5–15)。

容器造型设计与容器标签结合的好坏直接影响到产品的美观性及广告性。通常存在两种结合方式：

一是新产品的推出。商家推出一种新产品，并设计出一种新的容器。在这种情况下，标签为了达到与容器完美结合的目的，就应该根据容器的造型进行辅助性的设计。以容器造型的特点、形态、形式美感等为主，标签设计不能太过追求个性，以免产生主次不分的效果，容器造型应该始终是以产品主体出现的。标签只是附属品。

二是改良或升级产品的推出。商家在市场竞争中往往会不停地改良原有的产品，目的是在市场竞争中立于不败之地。而为了在视觉识别系统上达到一致，往往不会随意地改变产品标签的设计，而是在容器造型设计上寻求突破，这个时候，通常在容器造型设计过程中要考虑到现有标签的形态，设计者必须对现有标签有一定认识，设计容器时尽可能考虑如何更好地与标签结合。

图 5–15

第六章 影响包装容器造型设计的因素

第一节　消费者需求特征对容器造型设计的影响
第二节　储运、销售条件对容器造型设计的影响
第三节　物质、技术对包装容器造型设计的影响

包装容器设计是一种立体造型活动，涉及到消费者心理、现代储运条件、材料选择、生产工艺等各种因素，这些因素都将在一定程度上限制设计师的想象力与创造性思维，以至于设计意图不能被完美实现。因此设计师要想克服困难与解除限制，设计出独特有个性的包装容器形态，不但需要具备创造性的思维与高水准的专业素质，还需要正确了解这些客观因素，发挥其优越性，使其更好地为设计服务。

图 6-1

第一节 消费者需求特征对容器造型设计的影响

消费者是容器设计产品的最终承受者，消费者的需求将直接影响到产品销售，从而间接地影响到设计师的创造性思维，以及设计师对产品的设计定位。消费者需求具有发展性、多样性、层次性以及可诱导性等多种特征，这些特征都将造成消费者特定的消费心理。所以设计师在设计过程中要知彼知己，利用这些特定的消费心理，避开其限制，发挥其优势，设计出合适、恰当的容器造型。

一、消费者需求的发展性对容器造型设计的影响

随着市场经济的发展，消费市场的需求发生了显著的变化。富裕起来的中国消费者，不仅要求产品要具备使用价值，而且还需要产品的造型设计要有艺术性和欣赏价值。他们在眼花缭乱的商品柜台前，逐步改变了消费观念：从过去把实用、廉价作为天经地义的准则，变为产品设计是否新颖、漂亮。更多的消费者还特别注重产品造型设计所表现出来的心理价值，以及容器产品造型是否反映消费者的社会地位、文化水准、个人情趣。这些多方面的需求，不得不让设计师在发挥自己创造性思维的基础上，借助新材料、新技术，设计出更符合现代消费者心理需求的容器造型来填补这些心理空缺(图 6-1)。

二、消费者需求的多样性对容器造型设计的影响

由于消费者的收入水平、文化程度、职业、年龄、民族和生活习惯的不同，自然造成各种各样不同的爱好和兴趣的产生，因此对商品包

装容器造型的需求也丰富多彩、千差万别。高收入的消费者，在对消费品的选择上，希望容器造型能表现其地位、显示其身份；文化程度较高的消费者在对产品包装容器的选择上，要求其造型或表面装饰高贵、典雅；儿童思想较单纯，在对商品容器造型方面，要有趣味性；一些在大城市中生活的上班族，因为生活节奏比较快，所以要求容器的造型设计中带有便利的功能性，以方便使用，节省时间。除上述这些情况之外，不同的民族性格、民族心理也导致消费审美情趣的不一，西方人的情感表现比较外向，审美过程中思维成分高于情感成分，要求造型设计更理性，而中国人的情感表达比较内向、含蓄，所以含蓄、优雅的造型设计比较符合国内消费者的审美情趣（图 6–2）。

图 6–2

图 6-3

三、消费需求的季节性变化对消费者心理的影响

消费者的需求还随季节的变化而变化，这种季节的变化，温度的变化，导致人的消费心理也随之改变。夏天，天气躁热，人们的心情也随之烦躁，人们在对消费品，特别是生活消费用品的选择上，希望其造型能比较清爽、简洁，给人平静的感觉。反之，冬天天气比较寒冷，人们希望从各个方面都能体验到温暖，对消费品容器也不例外，所以，一般装饰高贵、曲线优美、颜色温暖的造型比较受欢迎（图 6-3）。

四、需求的可诱导性对容器造型设计的影响

在我们的身边，经常有“引导时尚”这个词，所以说消费是可以被引导和调节的，正因为这种需求的可诱导性，才促进整个消费观念和产品造型设计市场的共同发展。设计师可以设计比较新颖、另类的产品容器造型，先让一部份思想观念比较新潮的消费者接受，然后带动其他的消费人群，改变消费观念。当然设计师对这种“超时代性”的设计要把握好尺度，因为毕竟大多数的消费者还是受固有思想观念的影响，如果把握不好将造成设计的完全失败（图 6-4）。

第二节　储运、销售条件对容器造型设计的影响

设计师在对容器造型进行设计时，还须考虑到生产以后的储存、运输和销售等流通过程中会出现的客观影响因素，因为流通过程对产品的造型设计有一定的限制和标准。如设计不当，将导致生产的产品不能安全到达消费者手中或者增加成本，造成损失。下面从其中的保护性、经济性和销售展示性等几个方面，简述在流通过程中这些客观因素对容器造型设计的影响。

一、流通过程中的保护性对容器造型设计的影响

储存和流通过程中的保护性表现在多个方面，其中包括容器本身对内装物的保护和容器在流通过程中自身被保护等。造型设计的合理性将直接影响到这些保护功能的实现。如对香水等易挥发性的包装容器进行设计时，瓶口的设计不能太大，以免其在长时间的储存过程中品质受损。再者设计产品在流通过程中要经过很多环节才能到达消费者的手中，在这些过程中难免受到冲击、挤压、气候、污染、尘埃、磨擦、光、气味、微生物、虫害、水分等多方面的影响。所以设计师在对容器造型进行设计时，对这些方面的因素都要考虑。如对容器的颈部进行设计时，修长的颈虽然可以增加容器的美感，但在运输的过程中容易被损害；纹理装饰的表面处理可以增加容器的高贵，但容易在陈置的过

图 6-4

图 6-5

图 6-6

程中沉淀灰尘。总之，设计师在设计时，需对这些细节做适当的处理，以免对产品的最后销售造成影响（图 6-5）。

二、流通、销售过程中的经济性对造型设计的影响

经济性原则是设计基本原则，它追求的是以最低的成本获得最完美的造型设计。在包装容器设计过程中，除了材料的选择和新技术的选用存在对成本影响外，在储运、销售等环节，容器外观造型的合理性也是控制成本的一个重要的因素。造型设计对成本的影响主要包括不合理的大小、形状造成的劳务成本、流通成本的变化。如过大的玻璃容器，对内包装和外包装的要求就比较高，稍不当都会造成包装物受损，还有一些异型容器的特殊部位，在流通过程中也非常容易受损，在外包装上要花费很高的成本。所以在对容器的造型进行设计表现时要全面衡量容器物的形状、大小、轻重、厚薄和承受力等多方面的因素，避免造成不必要的经济损失(图 6-6)。

三、销售过程中的展示性对容器造型设计的影响

销售环节是设计的产品和消费者接触，以及产品被购买的最关键的环节。设计容器产品的可展示性，将直接影响到商品的销售情况。展示性包括容器物本身的可展示性能和销售时的一些客观环境因素。这些都将成为设计师要考虑的因素，从而影响到设计师对容器造型设计的表现。因为产品在销售中的展示效果将直接影响到消费者的视觉感受，一件同样的玻璃产品在不同的灯光效果下，产生的效果可能完全不一样。所以合理、巧妙的表现方法可以增加容器物的展示效果，反之，因破坏其展示性，会使产品在销售过程中受影响。所以设计师在设计过程中要通过对这些因素的了解和掌握，扬长避短，合理地对容器造型进行设计，以期达到将产品能更好地呈现给消费者，从而更加紧密地与消费者贴近，促进商品的销售(图 6-7)。

图 6-7

第三节 物质、技术对包装容器造型设计的影响

包装容器造型设计和生产过程中的物质技术包括材料技术和制造工艺两个方面，这两方面因素都将成为包装容器造型从设计方案转化为物质产品的保证，直接或间接地影响到容器的质量、成本及审美性。所以我们在设计过程中要特别注意对材料及工艺的正确认识，并合理运用所选材料的性质、工艺的特性。

图 6-8

一、材料因素对包装容器造型设计的影响

包装容器材料的种类繁多，除了塑料、玻璃、陶瓷等常规材料以外，包括不少专为特殊用途而定制的复合材料。这些材料的性质都将对包装容器的造型设计表现产生影响，因此如何选择材料，如何运用材料是在设计过程的最早阶段就应考虑的问题。材料对容器造型设计的影响基本上表现在以下几点：

1. 材料的物理化学性能对包装容器造型设计的影响

每一种材料都有其特定的性能，其性能的好坏，将影响到最终的表现效果。如玻璃的透明度的好坏，将直接影响到容器的美观效果。有些材料因为其可加工性能不佳，在机械化生产过程中，一些细部纹理就不能很好地被实现（图 6-8）。

2. 材料的经济性对包装容器造型设计的影响

材料的成本是决定产品最终成本的一个重要组成部分，所以设计师在对包装容器进行造型设计时，经常因为选用的材料价格太高而造成设计不能被采用（图6-9）。

3. 新材料的应用对包装容器造型设计的影响

在现代包装容器造型设计中，新材料的使用固然会给容器的造型带来意想不到的效果，但是因为价格和性能等各方面的因素，有时候会影响到产品的成本和加工。所以设计师对新材料的选用要非常的慎重（图6-10）。

二、生产工艺因素对包装容器造型设计的影响

包装造型最终要付之于生产加工，因此设计又必须考虑到相应的加工工艺，避免工艺加工的某些不足，并充分利用一些工艺的长处为设计服务。这就要求设计者具有一定的工艺常识并及时了解新工艺的发展。例如玻璃与塑料成型的吹塑、注塑工艺，模压工艺，金属的冲、拉伸、车磨工艺，以及材料处理的染色工艺、复合工艺，氧化、喷砂、烫印等方面的工艺。下面简单列举几点容器造型设计中要考虑的工艺因素：

1. 工艺的局限性对造型设计的形式美的处理基本要求

虽然现代科技十分发达，但仍然存在一定的局限性。这些局限性都将影响到容器造型设计的最终表现。很多设计师在做设计时，一味追求形式的美感，以一些复杂的表现手法来实现对容器造型及其装饰的美感，而这些表现通常需要复杂或多种工艺来实

图6-9

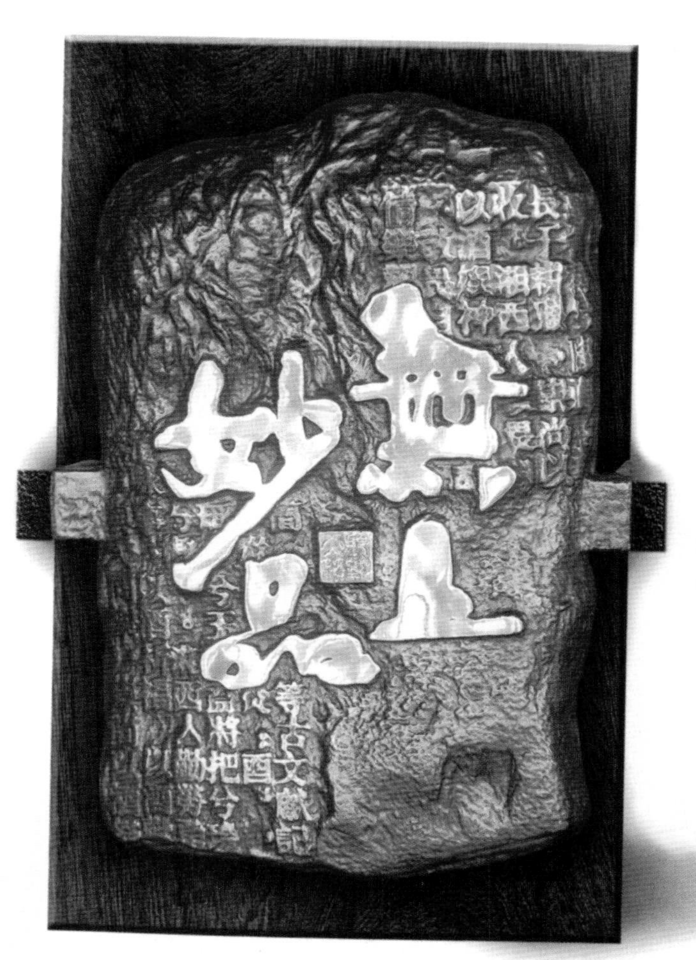

图 6-10

图 6-11

现，从而增加了产品生产制作的成本，造成不必要的浪费，以至很多设计意图不能在工艺中实现。所以一般对形式美的要求，力求以简便的工艺来完成（图 6-11）。

2. 工艺技术对造型设计细部表现的要求

因为工艺技术的局限性，许多造型的细部，如边缘角度等的过于尖锐，将在生产中无法被实现。所以设计师在对容器造型进行设计时，应注意形态，避免尖角与锐边，且肩部一般宜保持至少 10° 以上的倾斜等，表层凹

图 6–12

凸变化要注意对脱模的影响，凹凸部分的侧边要有适当斜度（图 6–12）。

3. 工艺局限性对容器造型局部比例设计的基本要求

为了使容器在生产过程中能被安全的生产，设计师在进行容器（特别是玻璃容器）造型设计时，要求容器长宽比例差异不宜过大，颈部不宜过高，肩角与顶部距离不宜过大，以免成型不匀，厚薄差别过大（图 6–13）（图 6–14）。

水井坊

图 6-13

LOEWE
POUR HOMME
Van Cleef & Arpels Paris
eau de toilette
MACASSAR
ARMANI
eau pour homme
paco rabanne pour homme
courreges homme
pierre cardin

图 6-14

第七章

容器造型设计的步骤

包装容器造型设计是包装装潢内容所依附的基础，是整个包装设计系统中一个重要环节，它与其他环节是互相联系，互相制约，互相烘托的。通过包装容器造型设计可以使包装增加形象力、吸引力和个性，使消费者通过视觉、触觉等感受，对其产品加深印象,从而激发消费者的购买欲。包装容器造型设计与一般的工程设计程序基本相似，但又有其自身的某些特点。对此，我们在了解、把握其设计步骤时，应予以注意！

从容器造型设计的步骤来看，一般分为三个阶段：准备阶段、设计阶段和生产阶段。

第一节 准备阶段

一、与客户交流

当接到一个包装容器造型设计任务时，先不要立马盲目进行设计。我们所做的第一件事应该是与客户充分沟通。这既可避免错误的尝试，也可节省彼此试探的时间及成本。一个良好的设计，是建立在市场信息的收集、整理、分析、研究和与客户沟通的基础之上的。在这些问题上，需了解的具体情况如下：

1. 了解客户真正的需求和最想要表现的重点

客户的设计要求及意图是设计师构思的基础和前提。它伴随着整个设计过程，是设计成功的保证，尤其在前期过程中，它直接关系到设计思路及定位的正确性与可行性。因此，与客户最初商谈委托计划时，要尽量让客户充分表达对此项设计的意愿，以获得有关信息的第一手资料。根据这第一手资料，设计师就可以尽量寻求双方对产品信息与设计角度都能认同的“最佳点”来展开构思。

2. 了解被包装产品本身的性能特点

每种被包装产品都有着不同的形态与理化特性，这些特性决定着其包装容器的材料及造型方法。如具有腐蚀性的产品，最好使用性质稳定的玻璃容器；不宜受光线照射的产品，就应采用不透光材料或透光性差的材料；还有像啤酒，碳酸饮料具有较强的气体膨胀压力的产品，应采用利于内力均匀分散的圆柱体造型等（图 7–1）（图 7–2）。

3. 了解包装容器的使用目的与容量要求

包装容器的造型与使用目的有直接的关系，如果是高档的销售包装容器，外观造型有独到的创意是十分重要的，因为它既要有内在的实用功能，也要有外在的装饰功能和促销作用；如果是以贮藏、运输为主要目的包装容器，那么则要更多地考虑它的实际耐用性和适用性。同时，还要考虑消费者使用的状况和生产工艺条件对器物容量的要求，以便做出适当的设计。

4. 了解包装容器生产工艺的要求

在进行容器外观造型设计时，独特的创意固然是十分重要的，但是，与此同时应考虑到容器成型过程的工艺可行性，以及随后的表面装饰处理。不同材料的容器加工工艺是不同的，如玻璃瓶的表面要通过印刷手段传达信息和增强视觉冲击力，那么，外观形状就要充分兼顾到印刷机械设备的相关功能；如果在后期加工中要使用贴标机，那么在造型设计时要注意在瓶底加上凹或凸的定位标记，以便机器识别，这些都是一些工艺常识的问题（图 7–3）。

5. 了解客户对产品投入的相关经费

产品投入的相关经费，包括包装容器的材料、成型工艺、印刷等相关费用。对经费的了解，直接影响着整个预算下的包装设计，包装容器是包装装潢设计的载体，是整个包装设计中的第一步，它应该控制在客户整个包装设计预算范围内。而每一个客户都希望以最少的投入获取最大的利润，这一点无疑是对设计师巨

生
とっくり
Brewed and Filled by
Asahi Breweries Limited Tokyo Japan
ASAHI生BEER
2l

图 7–1

图 7-2

大的挑战。

二、市场调查

市场调查是容器造型设计过程中的一个重要环节，它能使设计师掌握许多与容器造型设计相关的信息和资料，有利于制订合理的设计方案。它包括以下几点：

1. 对目标消费者的调查

即将数种不同的消费群体加以分类，由此了解目标消费大众的组成结构，它包括性别、年龄、职业、收入等。如设计女性化妆品包装容器时，其结构造型可小巧精致，适当用一些柔美的曲线，符合女性的审美要求；在儿童用品的包装容器时，可用较可爱的动物形象或卡通形象（图 7-4）（图 7-5）。

图 7-3

PS
ES
skin lotion
kohaku
L
eight
S
SOMA

图 7–4

TESCO
BUBBLE
BATH
250 ml
69p

图 7–5

图 7-6

2. 对包装容器市场的调查

对该产品旧有的包装容器造型进行仔细的研究，除了要分析它不符合市场需要的因素，避免再度发生同样问题外，还要在新设计中延续旧设计中的闪光点，以尽可能保留旧有的市场影响力。与此同时，还需了解目前包装容器流行性现状与发展趋势，并以此作为设计师评估的参考，以利于设计师做出既能体现出物理性功能，又能表现艺术性视觉效果的包装容器。

3. 对同类产品包装容器的调查

即对同类型产品（尤其是竞争品牌）进行仔细的调查研究。商场如战场，知己知彼才是获胜关键，在设计中可以吸收它们的设计优点为我们所用。在调研过程中，包括对竞争产品的包装容器材料、结构、工艺等进行分析，分析竞争产品的货架效果，了解它们的销售业绩，这会给即将展开的设计带来极大的益处。

第二节　设计阶段

一、设计定位

在对市场调查得到的数据进行综合分析的基础上，接下来要求结合产品自身的各种特性进行整体的设计定位。定位是否准确恰当，决定整个包装容器造型设计的成败。定位设计作为整个诉求的基础，决定着包装推销计划所要达到的目的，是创意设计倾向和深度的关键。无论设计师经过怎样的策划，采取什么样的手段要取得预想的效果，必须有明确的设计定位作为前提。具体地说，包装容器的定位设计分为以下三类：

1. 品牌定位

品牌定位主要应用于品牌知名度较高的产品包装容器造型设计，着力于产品品牌信息的传达。设计处理一般以包装容器标志性造型作为设计重心，处理多求单纯化与标记化，以期给消费者留下深刻的视觉印象，力求达到树立产品及企业形象的目的。针对同类包装容器，设计上要考虑加大差异化，尽量求得独特的个性化设计，以新风格、新感觉取胜对方（图7-6）。

图 7-7

2. 产品定位

以产品定位的容器造型设计，其宗旨在于通过容器造型传达产品信息，

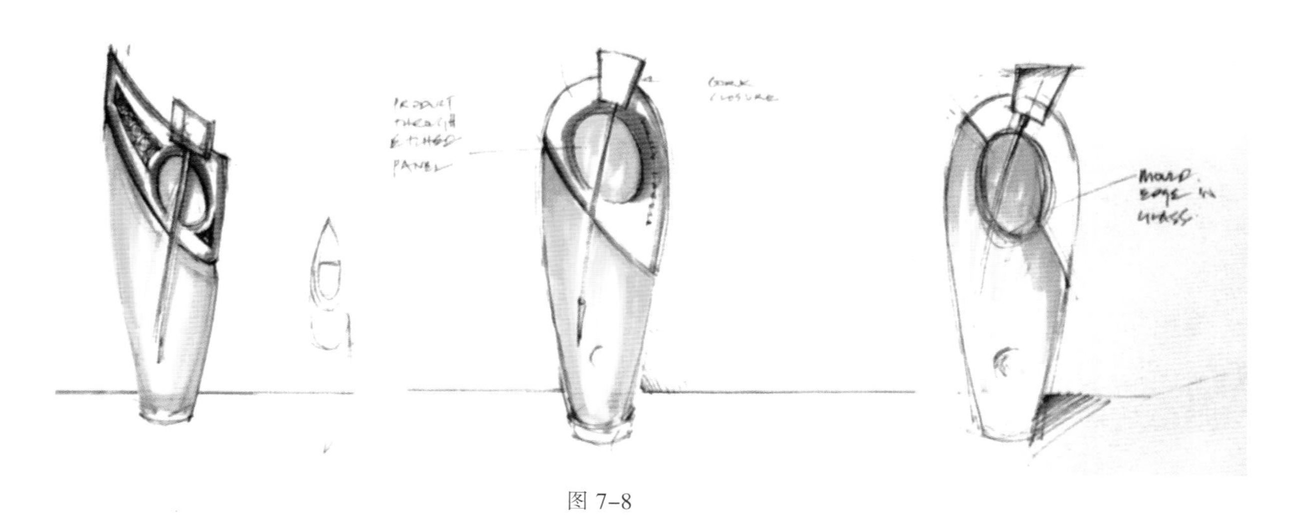

图 7-8

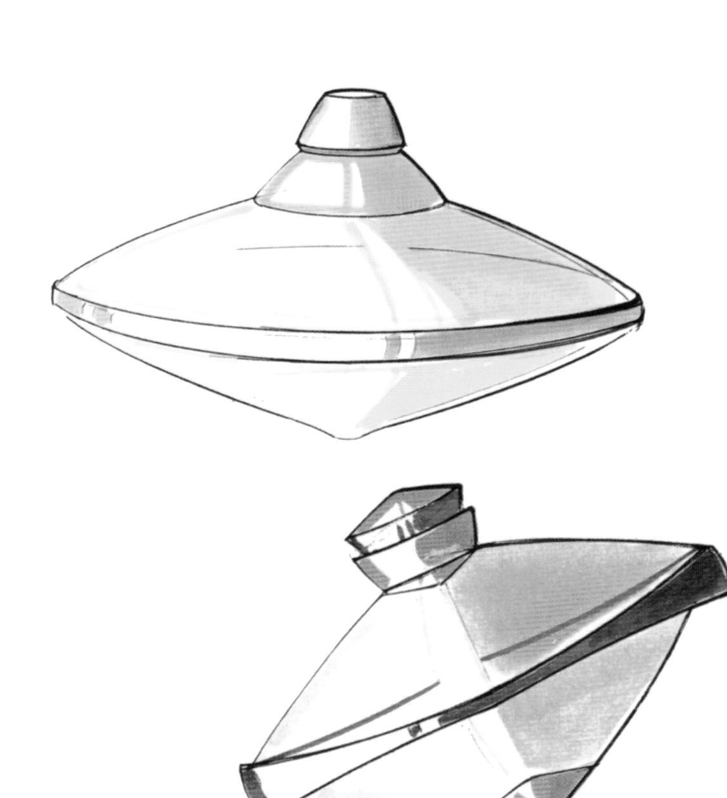

图 7-9

一般适用于富有特色和个性的产品。产品容器造型是产品具体形象的代表，容器形象是否符合产品的特性，取决于设计师是否合理地把握了产品的特色，这种特色一般包括产品产地特色、产品配料成分特色、产品功能效用特色等（图 7-7）。

3. 消费者定位

由于包装容器是针对特定产品而设计的，所以首先要确定的就是产品的主流消费群体，即占主导地位的具有相当购买倾向与能力的消费人群。根据产品的消费对象，确定其消费对象的经济消费能力和审美倾向，进行有针对性的设计。

我们可以把主流消费人群分为三类。① 普通工薪族：这类人群收入中等，讲求经济实惠。② 新新人类、都市魅族：这类人群休闲、时尚、前卫，对新生事物、新产品很感兴趣，尤其喜欢赶潮流。③ 金领、粉领、高级灰领、圆领族：这类人属于收入颇丰的成功人士，成熟，追求品位，对用品较为讲究。

根据上述不同消费群体、不同消

图 7-10

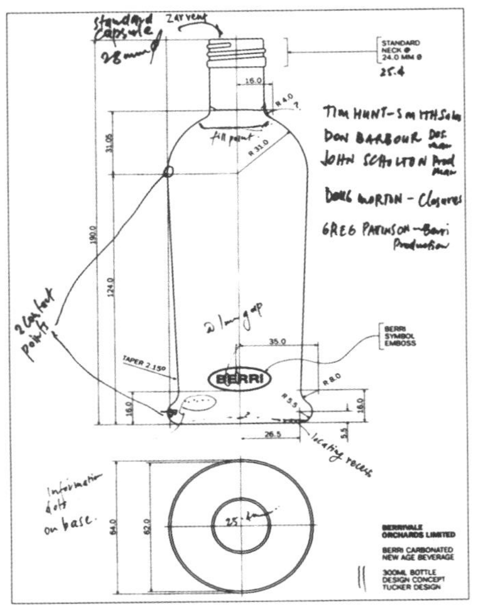
STANDARD NECK Ø 24.0 MM Ø
BERRI SYMBOL EMBOSS
BERRI
BERRIVALE ORCHARDS LIMITED
BERRI CARBONATED NEW AGE BEVERAGE
300ML BOTTLE DESIGN CONCEPT TUCKER DESIGN

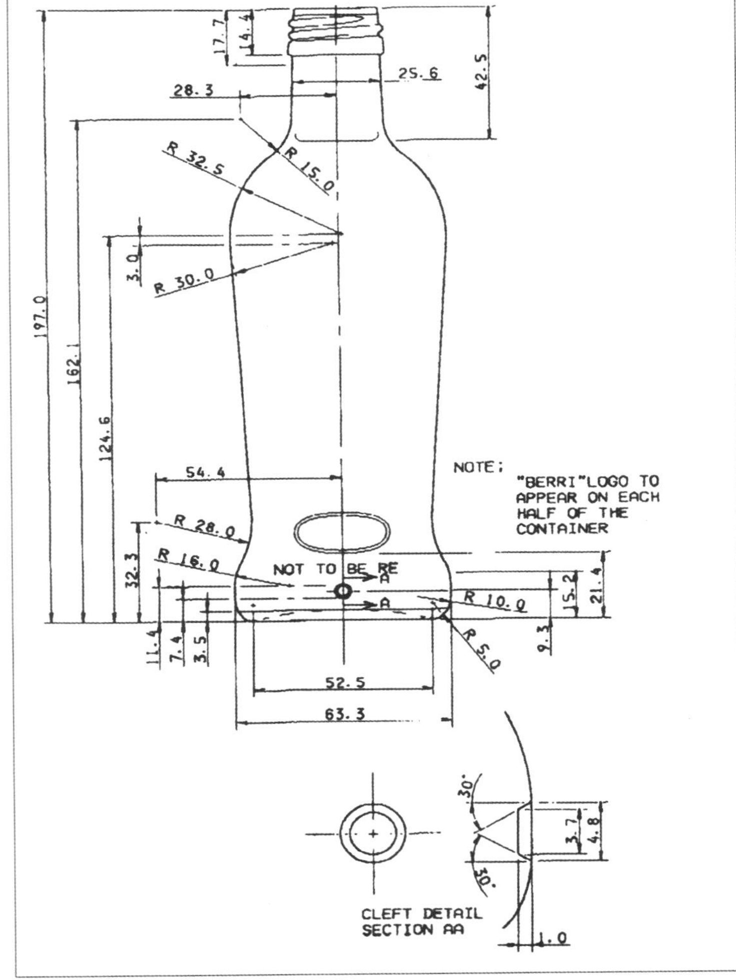
17.7
14.4
42.5
25.6
28.3
R 15.0
R 32.5
3.0
R 30.0
197.0
162.1
124.6
54.4
NOTE;
"BERRI" LOGO TO APPEAR ON EACH HALF OF THE CONTAINER
R 28.0
R 16.0
NOT TO BE RE
A
32.3
R 10.0
15.2
21.4
9.3
R 5.0
11.4
7.4
3.5
52.5
63.3
30°
3.7
4.8
CLEFT DETAIL SECTION AA
1.0

图 7-11

费层次的比例，确定好产品的消费档次，采用合适的容器材料、造型和工艺，使设计的价值最大化。

二、初步设计

设计定位以后，设计师便可以开始对所设计对象进行构思。构思是在资料准备充足的基础上进行的，要充分发挥设计师的个性和智慧。草图是构思阶段的产物，是抽象化向具象化的迈进，是对全部资料进行充分分析后而确立的造型设计目标。绘制草图通常是以速写的形式勾画出同一比例的多个方案，用简单的线条和几何图形，表现出包装容器的造型及结构的粗略效果，将设计师的构思和设计意图表达出来（图 7–8）。

绘制草图时应注意以下几点：① 选择最恰当的描绘角度，突出包装容器造型设计的重点部位，达到直观易懂的效果；② 注意色彩和阴影，不要产生整体结构模糊的不良形象；③ 明显地描绘出包装容器材料所具有的材质感；④ 包装容器尺寸比例要正确；⑤ 对结构细节仅作适当的表示，重点要使包装容器整体结构清晰。

初步设计以工程技术和经济原则为依据，通过草图使设计创意和构思具体化。在此阶段，我们需要完成以下几点内容：调查分析 + 设计定位 + 自我发挥 = 3 ~ 5 个设计草图、设计可行性评估、设计酬劳预算和日期控制，以及大致确定该设计的制作和运营成本。

三、效果图绘制

效果图是在草图的基础上，运用各种表现技法对所要开发的未来产品的形态、色彩、材质等造型特征，进行综合设计表现的手段。效果图比工程图更直观具体，可以使人对设计对象的特点和状况一目了然。效果图要求对容器的形、阴影、色彩、质感进行综合绘制，并且运用美学原理和艺术手法进行总体规划和处理，有效突出产品特性，提高画面的质量和视觉效果（图 7–9）。

效果图的制作可以采用手绘和电脑绘制。手绘效果图通常用水粉、水彩或水性麦克笔等工具绘制在白卡纸、色卡纸或 80 克复印纸等纸上；电脑绘制效果图，主要使用 3Dmax、Photoshop、AliasStudio 等软件来制作完成。

四、模型草案制作

根据草图及三维变化角度的效果图制作模型草案，是容器造型设计必需的步骤。通常是用可塑性较强且便于修改的材料来制作，如油泥、纸、聚氨脂发泡塑料等材料。模型草案主要是用来检验与推敲包装容器设计的立体形态的视觉效果，以便各个细节的调整。

模型草案制作需要有美术基础和一定的动手能力，以及对各种材料的了解和对各种工具与设备的熟练操作。模型草案能充分体现出三维空间的视觉感和触摸感，它可以很直观地以实物的形式反映出设计师的设计思想，避免了图纸的弊端。在模型制作过程中，设计师要注意的是平面图是否可以直接转换成立体的模型，在转换的过程中是否有问题出现，视觉与触觉的统一性、合理性如何等（图 7–10）。

五、完善设计及工程图绘制

包装容器效果图及模型草案经过客户审查后（包括经过专家鉴定以及征求消费者、运输部门、销售部门的意见），再要对初步设计进行改良性的再设计。完善设计的目的是使商品畅销并取得预期的经济效益（图 7–11）。

容器造型在付诸生产前，应该绘制容器工程图（也称三视图），并提供尺寸与结构，以便加工制造。工程制图主要包括正视图（主视图）、侧视图（左视图、右视图）、顶视图（俯视图）、底视图（仰视图）以及表明包装容器内部结构的剖视图来表示。并要有总体的外部各面的轮廓图和尺寸标示。如果造型复杂，形态变化较多，可以增加多个纵向或横向剖面图和

图 7-12

详细尺寸标示，并且需要在不同的构件上标注名称和编号。对于过细的部位应“圈”出来，另用比例来绘制，以此增强说明或放大比例尺度来标示。

六、石膏模型制作的技法

制作石膏模型的目的是为了检验容器人体工程学的需要和弥补视觉误差上的不足，一般都需要按照 1∶1 的比例进行制作。石膏材料是比较容易操作的一种材料，模型制作使用的石膏是熟石膏，通常使用建筑用或医学用石膏。石膏制模主要以手工为主，工具可以根据需要自制或购买，木刻刀、石刻刀、锯条及砂纸等都可以作为制作石膏模型的工具。石膏塑型可以使用以下三种手法制作（图 7-12）。

直接塑型法：把石膏粉洒入水中，约三分钟后，适当搅拌使之成为膏状。然后待石膏水分逐渐挥发成为熟石膏，用锯条、刻刀等工具直接在石膏块上加工成型，然后修整、打磨、装饰、涂漆完成。这种方法适合容器外形直线较多、造型简单的情况。

翻模塑型法：把石膏调制成膏状流质状态，倒入预先制好的模具内，模具可以用厚纸板或塑料片等制作，一般精度要求不高。待石膏半干后翻模倒出或破坏模具倒出得到石膏粗坯，在石膏粗坯已经基本成型的情况下精细修整，可以使用拼接、雕刻、镂空等手法进行装饰。最后打磨涂漆完成。

转台塑型法：把石膏调制成流质膏状状态后，倒入预先固定在转台上的圆柱形模具，待石膏半干以后，拆除模具得到圆柱形石膏坯，转动转台沿设计的外形线缓慢放下造型刀，石膏坯受到造型刀的刮削形成所需的精细坯体，然后修整、打磨、装饰、涂漆完成。该塑型法适合制作同心圆对称的容器。

石膏模型制作具体操作步骤如下：

1. 首先把构思用草图的方法表现出来，在若干的草图中选择一个理想合理的方案进行制作；

2. 绘制三视图；

3. 涤纶片卷成圆柱型,用透明胶带固定住；

4. 在石膏车形机上挖些凹孔，以便能够牢牢地固定住石膏；

5. 用泥巴将涤纶片固定在石膏车形机上；

6. 将石膏粉调入水中，石膏与水的比例为1∶1；

7. 将石膏均匀搅拌，防止石膏结块，避免气泡产生；

8. 将石膏水灌入涤纶片内，注意速度要匀速，避免气泡产生；

9. 通常情况下，等 10–15 分钟，石膏接近固化状态的时候把涤纶片去掉；

10. 用石膏车刀出大形；

11. 当大形出来的时候，我们就要仔细谨慎地进行雕形，尽量避免做坏；

12. 换小锯条进行细加工；

13. 石膏模型完成。

石膏制作过程中应注意的问题及制作体会：

1. 启开模具时有的模块不太容易取下，可以用铲刀木柄轻轻敲出，使之松动，即可取下；

2. 石膏模型的表面常出现沙孔，大多是因为模具过于干燥、吸水性太强所致，解决的办法是浇注前将模具浸透肥皂水，即可消除沙孔；

图 7–13

Dipped Wax closure
gold screened crest
cream type
gold stopper
gold neck label
triangular shaped bottle with 3 feet
screened type in Gold
Blue Porcelain Base
George Ballantine seal
Foil Paper Wrap with branding printed on.

图 7-14-1

Gold neck label.
gold neck label and stopper
circular neck label
flat face for crest.
gold screened crest.
screened seal.
inlaid Gold label
Porcelain stopper
glass bottle
Dipped wax.
Crest
tapered stopper
capsule
seal
metal container polished aluminium ?
Ballantines

图 7-14-2

3. 分模线处出现裂纹或错位。这是因为模块捆扎不紧产生松动所致；

4. 模型的局部有疤痕，这是因为模块内壁有些部分未涂上脱模剂，石膏浆与模块的内壁紧紧粘牢，取模时被模块粘掉；

5. 第一层的石膏浆过干，会导致石膏模型的细节、转折之处等部位出现大气孔，可用雕塑刀调些石膏浆修补。

第三节 生产阶段

把设计方案和产品制图图纸交付生产方后，接下来的任务主要由制作单位完成。从设计角度来看，设计意图能否被完美传达，很大程度上取决于这个阶段。设计师如能深入现场参与监督，将更有利于获得理想的最终效果。

当设计的产品生产出来以后，设计者应该认真研究，检查是否符合预先的设计意图，是否满足开始时的定位需要。当包装容器投放市场后，应积极收集反馈意见，以客观态度看待设计上的缺点和不足，一方面，如条件允许，通过改进和完善设计，弥补这些缺点和不足；另一方面，这样的态度有利于在今后的设计中提高自身的业务水平。

具体案例分析

现在通过对巴朗蒂纯麦威士忌的酒容器的设计过程进行分析，以让学习者清楚了解包装容器设计的过程。

图 7–15

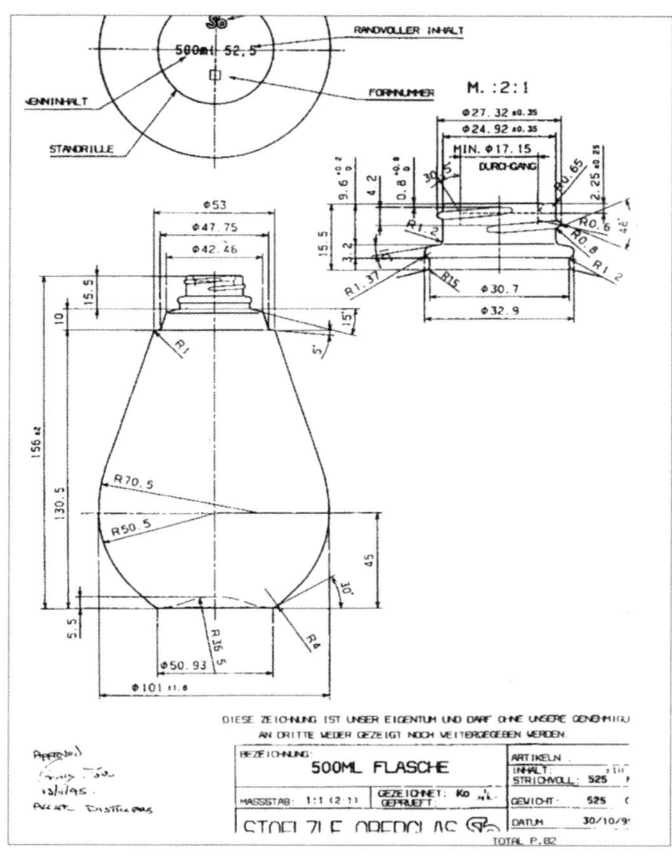

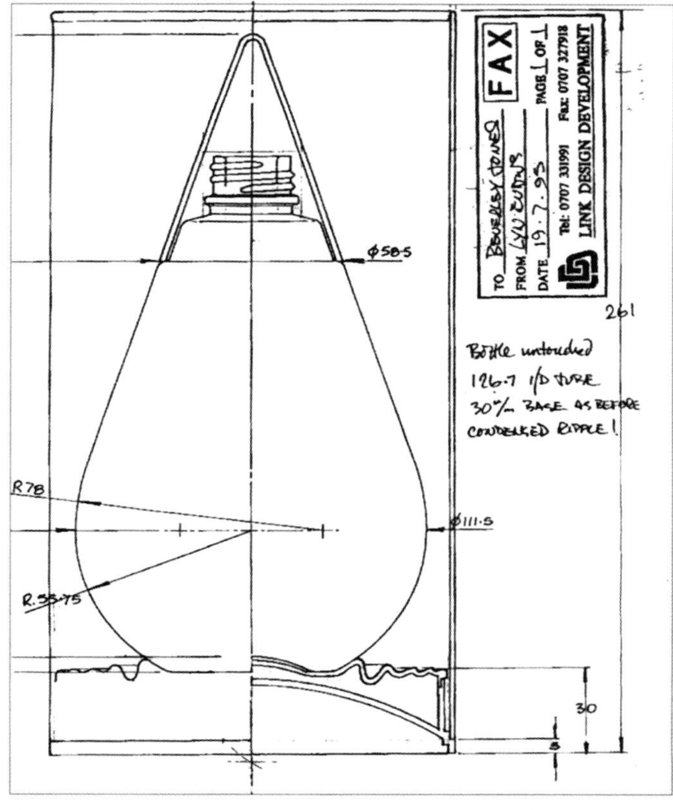

图 7-16

一、与客户交流及市场调查

道麦克联盟委托 MPL 产品形象设计公司为其新型的由麦芽酿制的巴朗蒂牌威士忌设计一个新酒瓶及其礼品纸盒，以符合年轻顾客的爱好。并对新酒瓶造型设计提出如下要求："酒容器必须具有巴朗蒂牌产品独特的品质特征，能一眼就被认出是巴朗蒂牌的产品，但又要和以往的产品包装有明显区别。这一新型的酒类要成为苏格兰威士忌和法国白兰地之间的桥梁，是调和了两种历史悠久而又截然不同的酒类的品质。"MPL 公司的顾问采用了以上的品质简述，并做了仔细的市场调研，要求设计人员将精力集中在这些品质的描述上（图 7-13）。

二、设计定位

产品定位：突出产品配料成分，由麦芽酿制而成，品质独特纯正。消费者定位：新型威士忌销售对象主要是亚太地区的跨国旅行者，他们往往是中国大陆、台湾地区、日本和韩国的知名人士。由于民族文化的差异，他们对于"品质"往往有不同的概念，所以，此项设计具有相当难度。

三、草图制作阶段

在完成产品准确设计定位后，开始对草图进行绘制。设计构思重在表现这一新型酒类独特的品质。所以设计师选取了最纯净的液体——水的形状，作为酒瓶的基本形状（图 7-14）。

四、效果图绘制

根据绘制好的草图，运用 3D max 绘制出能够真实、准确表达容器造型特征的效果图，以备客户道麦克联盟审查。效果图要对容器的形、阴影、色彩、质感进行综合绘制，此容器效果图呈现出水滴状造型瓶形，并配有一个底座，底座由一圈卡纸围住，底座的表面形状象征了金色威士忌的波纹（图 7–15）。

五、模型草案制作

效果图绘制好后，就开始制作立体的树脂模型，立体模型主要是用来检验与推敲容器设计的立体形态和视觉效果。

六、完善设计及工程图的绘制

容器效果图送到道麦克联盟审查，提出以下几方面尚待完善：① 整体考虑瓶子的容积、尺寸和特殊性；② 如何改进瓶子的可把握程度并且不破坏整体设计的完美性；③ 如何将这“滴”纯净的麦芽酒的容器造型创意表达得更清楚；④ 如何提高瓶盖内部的密封程度。设计师根据此反馈信息，考虑到作为目标消费者的中国人和日本人的手往往比欧洲人的手小，所以他们会觉得这个酒瓶太大了，因此，最后决定将瓶子的容积从 750 毫升减小到 500 毫升。考虑到容器的密封性，设计师在瓶盖处做了一个内部调节装置，使得瓶盖每次都能旋转到相同的位置，以提高容器的密封程度（图 7–16）。

通过不断的沟通、交流、改进，道麦克联盟确定了最后的设计方案。MPL 设计公司把电脑制作出的工程图送给酒瓶制造商，这一容器造型设计就告一段落了（图 7–17）。

图 7–17

参 考 文 献

过山，谭曼玲著. 包装设计. 合肥：合肥工业大学出版社，2004

斯达福德·科里夫. 世界经典设计 50 例——产品包装. 上海：上海文艺出版社，2001

李松，曹勇. 最佳日本包装 5. 长沙：湖南美术出版社，2005

杨宗魁主编. 包装设计. 广州：岭南美术出版社，2004

刘思敏，励世良，庄英杰，汝南鸿主编. 包装装潢设计. 上海：上海科学普及出版社，1988

曾仁侠主编. 包装概论. 长沙：湖南大学出版社，1989

王玉林，苏全忠，曲远方编. 产品造型设计材料与工艺. 天津：天津大学出版社，1994

孙诚，金国斌，王德忠，刘筱霞编著. 包装结构设计. 北京：中国轻工业出版社，1997

肖禾主编. 包装造型与装潢设计基础. 北京：印刷工业出版社，2000

后　记

这是一本真正意义上的集体合作之作，她由几位多年来从事容器造型教学和学习的年轻同志共同完成。正因为如此，所以本书具有如下几个特点：

第一，在一定程度上体现了年轻人对容器造型设计的认识和审美取向。这也许是本书的可取之处。

第二，力求满足年轻人对于容器造型设计的快捷理解和运用要求，以适用为出发点和归宿点。因此，该书不可避免地存在着理论性不强的缺憾。

第三，年轻人富于创造力和追求个性张扬，这不仅表现在他们的言行上，而且反映在他们的语言表达上，所以该书文风差异甚大。作为主编，本应进行相对统一，但一则为了尊重年轻人的习好，再则为了缩短成书时间，采用了求大同，存小异的方法，只求文法基本准确，符合阅读习惯，而不追求统一。

全书由朱彧提出编撰体例和编写大纲。各章具体分工如下：第一章，由柯胜海执笔；第二章，由吴振英执笔；第三章，由朱和平、李闯执笔；第四章，由周作好执笔；第五章，由莫快、朱和平、柯胜海执笔；第六章，由柯胜海执笔；第七章，由颜艳执笔。最后，全书由朱彧作了内容上的统一调整和删节。书中图片，主要由柯胜海、颜艳、周作好、吴振英、李闯等提供。还值得一提的是，硕士研究生黄文暄同学在校对方面费力不少。

朱　彧

2006 年仲夏于火把冲